人人都能上手的

資訊圖表設計術

台灣第一家 INFOGRAPHIC 設計公司，

經典案例、操作心法、製作祕笈 全公開！

Re-lab團隊 著

Re-lab，
一群有讓世界變得有條理、
有價值的故事家！

鴻海科技集團 樂養健事業群 整合行銷處資深經理　蔡正潔

為了一個能用自己設計價值去做些改變的念頭，從原本做了十幾年的消費性電子產業，轉換到醫療健康產業，一心想將醫療體驗提升，讓更多人對健康訊息產生興趣，而能了解自己身體狀態也能擴及幫助他人。我開始找尋有什麼樣的方式，讓平常連五分鐘都來不及跟病人好好說的醫生們，以及聽醫生說了一個小時，還是聽不懂艱深醫療術語的病患們，能在不同的頻道上對接到彼此的訊號，透過什麼樣的形式，能讓醫界、學界、產業界能夠將想要傳達的理念清楚地對外溝通。

開始與 Re-lab 接觸，才發現他們的組成，是一群很神奇的平衡，他們的背景不是正統學設計出身，但卻對設計充滿熱情：一個很愛聽故事也很能有說服力及邏輯性去表達的故事家，一個很愛做研究也常常可以提出更好解決方式的研究學者，一個很能將不同領域不同種類的文字資訊，用像藝術書一樣的完美畫面呈現出來的創造者。

透過Re-lab説出了一個急重症醫生，對於未來醫院設計的理念及期待，説出了對健康觀念的建立與預防醫學的連結性。Re-lab更從自身出發，去發掘一些值得探討的議題，找出了一些我們直覺不會去思考的不同面向。從社會意識、財經觀念、醫療資訊、台灣特有產物等，所有認為該做的，必須做的，用他們的角度説給大家聽。經過他們的觀察、分析、轉換、提升、佐證，將原本複雜艱深的資訊，説出能讓人理解的故事，也帶出了資訊背後最重要傳遞的價值理念！讓大家可以用不同觀點來瞭解問題，思考自己的答案。

這就是Re-lab！一群讓世界變得有條理有價值的故事家！

資訊視覺化，
現代行銷的新能力

世紀奧美公關創辦人　丁菱娟

說來好玩，認識 Re-lab 的共同創辦人劉又瑄是透過一位大陸新創創業家介紹的，當這位大陸人跟我說台灣有一個團隊非常優秀，可以將很多複雜的資訊視覺化，當下我一聽就說我要見這個團隊。因為這時代太缺乏具有設計思維又兼具創意說故事的人才了。

這是一個資訊爆炸和氾濫的時代，在我工作的經驗當中，每個產業都需要溝通、說服他人、做簡報，但大部分的會議和簡報都令人昏昏欲睡，其中最缺乏的就是從消費者的角度出發，將複雜的資訊用圖表或是視覺化表現，令消費者一目瞭然。在市場上我們一直在尋找這樣具設計思維的人，可惜僧多粥少。

然而將資訊設計成為故事的過程當中需要理性和感性的結合，需要有資訊解構的能力，分析歸納的邏輯能力，更要有想像創意的能力，也要有視覺設計的能力。通常有創意的人比較缺乏邏輯，然而邏輯性強的人又大多缺乏想像力。這中間就需要理性、感性兼具，具備設計思維的人，打破以前傳統，用消費者的思維來溝

通，才能達到溝通的目的，力省功倍。這樣困難的事情，Re-lab 做到了。

有時候我實在納悶，為什麼不能有一種方法可以將報稅流程或是統計資訊，或是我們每日碰到的作業流程，簡單又有效的讓我們一看就懂，原來大部分的人都是線性思考，文字思考的，缺乏想像的能力。然而 Re-lab 提供了這樣的有效方式。

圖像化思考，是一種表達方式的精進，不僅節省溝通時間，也增加作業效率。是商業上的簡報、演講、報告、行銷，都需要的工具和思考，讓說服與溝通變得更容易。政府部門尤其在政策宣導和教育上，若能捨棄傳統的方式，運用圖表或視覺的表現讓民眾了解政策和政績，我想不僅會更事半功倍，更會讓民眾覺得有親和力。

在視覺上，影片當然是溝通最直接的刺激，但是畢竟影片成本較高，文字又太冗長，我認為資訊視覺化的表現方式是 CP 值最高的一種表達方式，最適合在網路社群年代傳播。

現代的領導人、管理者、行銷人都需要了解甚至學會這樣的技巧，讓傳達的資訊簡單明瞭，有力量。本書共有六位資訊圖表創作者，無私的分享資訊圖表及視覺開發的方式，讓我們一窺資訊圖像化的流程與設計思維方式，這真是每一位行銷人或領導者的必備參考書。

為什麼要學資訊圖表？
Why Infographic?

「我們家的產品雖然比別的品牌好，但是消費者通常不知道怎麼分辨產品的好壞，希望可以透過資訊圖表讓消費者更容易了解其中的差異。」

「健康醫療資訊雖然重要，但大部分的人平常都不關心，往往等到疾病發生了才發現不得其門而入。」

我們發現資訊暴增的時代，反而讓資訊和人們的距離愈來愈遠了。

Re-lab 的故事要從2011年的六個大學生說起，和大部分大學生一樣，我們發現在學校的生活中，幾乎都在學習「重要」、但卻難以「傳遞」的東西。

「如何把難以理解的數據、理論、流程變得一目瞭然？如何把讓人抗拒的文字、無法溝通的立場變得更友善？」

很快地我們就發現自己並不孤單，有不少其他國家的資訊傳遞者也有同樣的想法：有人透過清楚的圖表和有趣的圖像來傳遞生硬

的資訊，有人用精彩的動畫來説明複雜的理論，也有人用互動式的網頁循序漸進地呈現大量的訊息……有趣的是，這些呈現資訊的方式，都不約而同地運用了「説故事」和「視覺化」這兩種迷人的方法，而「資訊圖表(infographic)」正是將這兩種方法匯聚於一身的產物，同時也是上述各種呈現方式的發展基礎。

如果看到這裡你還是不知道什麼是「資訊圖表」，先別急，因為接下來整本書中會有讓你看不完的資訊圖表作品，在這裡想先談談 ──「資訊圖表」這兩年在台灣已經愈來愈廣泛地被運用於媒體、社會議題的討論和各種知識的推廣，為什麼Re-lab還想要出書呢？

因為資訊圖表的潛力遠不止於此。

不知不覺，Re-lab已經做了上百個作品，我們很幸運，一路走來總有許多客戶主動洽談合作，規模大如台積電、Yahoo！奇摩等企業，也有其他公益或非營利組織，他們將生硬、複雜或無趣的資訊託付給我們，讓團隊賦予這些資訊新生命。

在此過程中，我們愈做愈看見資訊圖表的運用，在廣度與深度上有更多努力的空間。資訊圖表在許多重要、且有影響力的領域還不夠普及，就拿我們最在意的「教育」來説，儘管「圖像式思考(註)」對於學習的幫助已廣為人知，但大部分的教學方式和教材還是害

怕改變；又如「政府的各式文宣」，多少人民的重要權益都仰賴這些資訊的傳遞效果，現在愈來愈多公部門的機關單位願意站在民眾的角度思考，但多數還是有心無力，因為不了解資訊設計，所以不得其門而入。更不用提複雜的醫療健康、保險資訊、日趨複雜的跨領域社會議題等。我們期待更多領域的專業了解資訊圖表對於溝通的助益，希望看到更多有價值的資訊被需要的人理解。

資訊圖表應用的深度對我們來說也是一大挑戰，想要讓溝通對象透過資訊圖表更容易理解生硬的資訊前，首先，資訊圖表的製作者本身要能更深入了解想要傳遞的資訊和溝通對象，並且同時思考如何運用視覺化的方法增進理解的效率，不然資訊圖表只會淪於增加視覺吸引力的手段；另一方面，光是單向地運用資訊圖表來傳遞資訊還不夠，若不能夠理解溝通對象，便無法從使用者的角度出發思考資訊對他們的影響，更不用說能創造雙向的交流。

相信看到這裡，你已經發現，資訊圖表的製作能力絕對不限於單一領域，需要有邏輯地研究資訊、客觀地研究溝通對象、編排資訊的呈現順序、嘗試適合的視覺化方法，也需要一點視覺設計的基礎和美感……但別擔心！並不是要具備所有上述的能力才能製作出出色的資訊圖表，相反的，最重要的其實是學習相關的概念和方法，一旦知道自己的能力和限制，就可以評估適合自己的做法，並適當地透過輔助工具和開放資源來完成，更別提與專業團隊合作，亦能激盪出更多有趣的想法和更完善的呈現方式。

綜上所述，本書除了公開 Re-lab 的資訊圖表製作流程，我們也決定透過一個個實際的案例分享，讓大家更直接地體會 Re-lab 在每一個專案中，如何學習增進資訊圖表應用的廣度與深度、如何運用設計的思維來解決不同資訊設計的難題。每一次的合作對我們來說都是學習，也讓我們了解到「溝通」的困難與美好，很感謝每一位合作夥伴給我們學習的機會，也希望這本書除了分享資訊圖表製作的技巧，也能帶給大家關於「溝通」的靈感。

Re-lab 簡介
由台灣六個大學生創立的資訊設計顧問公司。

希望可以透過資訊設計解決溝通的問題，縮短資訊落差，和大家一起快樂地在資訊海中游泳。

特別喜歡透過實驗性的專案探索更多可能，在每一次的實驗中不斷進化，歡迎大家一起加入我們用資訊設計「防止世界被破壞、守護世界的和平」。

註：
圖像式思考：如透過畫圖更輕易的破解數學習題、運用地圖呈現更清楚了解歐洲史上戰爭發生的因果和地緣關係、運用圖表更有效率的說明實驗結果等等，這些都是人類擁有雙眼、長期演化的重要結果，圖像化不只是有助於思考、推理，對於學習的速度和記憶也有很大的幫助。

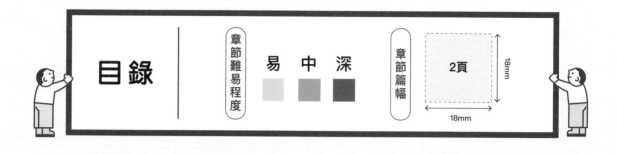

目錄

章節難易程度　易　中　深

章節篇幅　2頁　18mm　18mm

2 製作案例
如何做出好的資訊圖表

資訊圖表
的
原理和概念

① 資訊 的影響力

為什麼資訊的傳遞和溝通這麼重要？

「資料是未來的新石油。」

出自彭博社風險投資公司 Bloomberg Beta
合夥人 Shivon Zilis 的一句名言，
但這一次，
資源能不能不要只集中在少數的人手裡？

原文為
"Data is the new oil." —— Shivon Zilis

先想想看下面三個問題：

Q 全世界因為自然災害而死亡的人口數，過去一百年來的變化是？

　　A. 超過原來的兩倍

　　B. 跟原來差不多

　　C. 減少了一半以下

Q 全球三十歲的女性中，平均就學時間的長度為何？（男性為八年）

　　A. 七年

　　B. 五年

　　C. 三年

Q 全世界的赤貧人口在過去二十年的人數變化是？

　　A. 超過原來的兩倍

　　B. 跟原來差不多

　　C. 減少了一半以下

數據到了 Hans 手上就變得跟他一樣親切可愛。　　　　　　　　　　　　　　為推廣關鍵數據不遺餘力的 Hans。

黑猩猩不看夜間新聞，回答還是輕鬆打敗人類？

很久很久以前，人們對這世界的理解總是依賴猜測與想像，因為沒有飛機、沒有衛星，也沒有網路。很久很久以後的今天，到地球的另一邊不用一天的時間，大部分的人都以為我們對這個世界更為了解。

然而Gapminder基金會董事長漢斯‧羅斯林（Hans Rosling）發現大部分的人不但沒有更了解，更讓人擔憂的是，他們都戴著偏見和悲觀的眼鏡觀看這世界。漢斯很喜歡在演講及教學中做一些調查，開頭的問題就是他某一次在TED演講中問觀眾的問題。他幽默地用黑猩猩的隨機回答拿來跟媒體人、瑞典人、美國人和觀眾的回答做比較，結果黑猩猩每一局都輕鬆獲勝！人們都給了較為悲觀的答案。

漢斯‧羅斯林的故事，到底演講有多精彩？自己去看看：
http://www.gapminder.org/videos/
https://www.ted.com/speakers/hans_rosling

Gapminder
的演講連結

TED
的演講連結

尤其在過去二十年來全球赤貧人口的數量變化這一題，95%的美國人認為赤貧人口成長了兩倍以上，或是沒有變化，但實際情況卻是赤貧人口已經減少了一半以上！你猜對了嗎？

以偏概全的習慣、過時的學習管道，和不夠全面、客觀的媒體報導，不斷加深偏見和悲觀的度數，再加上人們與生俱來求生的本能，讓我們不自覺地放大自己懼怕的事物，這種直覺幫助我們活下來，但卻成為我們客觀認識這個世界的阻礙。

資料裡面有很多可靠、客觀的故事，但是資料不會說話。

（前面三題的答案是 1. C　2. A　3. C）

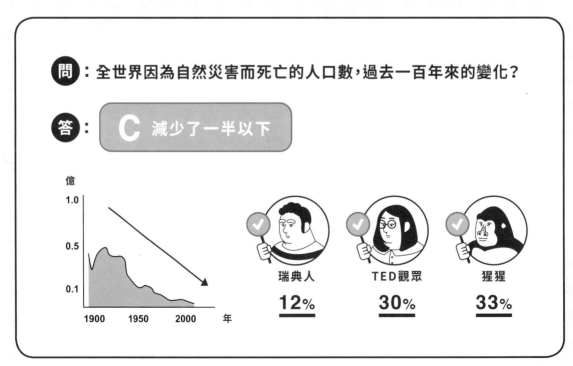

全世界因為自然災害而死亡的人口數，過去一百年來的變化

：全球三十歲的女性中，平均就學時間的長度為何？（男性為八年）

答： **A** 七年

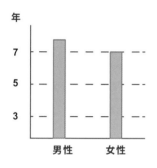

瑞典人
9%

TED觀眾
18%

美國人
24%

全球三十歲的女性中，平均就學時間的長度

：全世界的赤貧人口在過去二十年的人數變化是？

答： **C** 減少了一半以下

美國人
5%

TED觀眾
32%

猩猩
33%

全世界的赤貧人口在過去二十年的人數變化

安靜的資料、聽不見的故事，靜靜的躺在少數人的資料庫裡。

漢斯‧羅斯林看到了這些故事的潛力，他發現善用資料說故事能
夠幫助我們跳脫自己的想像，看到現實發生的狀況。當他站上台
演講，像是資料最熟悉的好友，他用最平易近人、優雅又幽默的
方式，破除觀眾的迷思，讓不會說話的資料簡單的呈現事實，啟
發無數的人。

為什麼知道事實這麼重要？

想想看，全球赤貧人口數量二十年來已經減少一半以上的事實，
能夠讓多少人更願意相信消除貧窮的可能性，並願意為此目標而
努力？過去三十年來全球各國的家庭收入及家庭人口變化資料，
對商業公司的市場策略佈局有多關鍵？

不論是國際組織、政府機構、跨國企業、教育機構、研究單位還
是個人，我們的決策和選擇都需要建構在更客觀、可靠的事實
上，才能更確定如何往美好進步的方向努力。

除了一場又一場精彩的演講，漢斯‧羅斯林和他的兒子奧拉‧
羅斯林(Ola Rosling)與媳婦安娜‧羅斯林‧勞恩倫德(Anna
Rosling Rönnlund)一起創辦了Gapminder這個組織，致力於
推廣有價值的資料應用，並消除資訊落差。

「我嘗試跟幾個大型的統計機構交涉，所有人都說，這沒辦法，我們的資訊是很獨特的。無法開放搜尋，也無法免費開放讓全世界的學生和企業部門使用。」漢斯在一場 TED 演講裡面曾經提到，看來這件事情的確不容易。

「但我要告訴大家一個好消息，聯合國統計部門的新領導人並沒有說這是不可能的，他只說我們不能這麼做。」

漢斯的樂觀和幽默持續發揮著影響力，除了推動更多有用的資料的開放，如何讓大眾能看得懂並簡單的應用，也是另一個重要的課題。

漢斯·羅斯林

漢斯·羅斯林（Hans Rosling，1948年7月27日－2017年2月7日），瑞典數據大師，也是全球知名的醫療衛生專家，窮盡一生精力，希望透過清晰的數據分析讓大家關注各種全球重要議題：宗教、孩童死亡、全球人口增長、亞洲崛起、貧窮、HIV、伊波拉等。他於 TED 舞台的精彩數據分析演說，每每都引起觀眾的熱情掌聲與歡呼聲，被稱為「手上的數據會唱歌的人」。2017年因患胰腺癌在烏普薩拉的家中去世，享年68歲。

本篇照片為 Jörgen Hildebrandt 攝影，經 Gapminder Foundation 同意使用。

② 資訊 揭露的效力

只要改變資訊結構就能推動變革！

「給我一個支點，我可以舉起整個地球。」

—— 阿基米德

那解決社會問題的支點可能是什麼？

想像你是荷蘭政府，正面臨一個挑戰：

面對能源危機，希望推廣節電，

降低社區住宅的用電量。

你會怎麼做？

有人說：「要先調查住宅最主要的用電來源，

還有居民的用電習慣再想辦法吧！」

也有人說：「設計一個獎勵節電的辦法，

像是節電的電費降低回饋等。」

一定也會有人說：「提高電費就好啦！

調整收費方式，讓使用者付費。」

原文為

"Give me the place to stand, and I shall move the earth."

—— Archimedes

原來只是電錶裝錯位置！

前言列舉的方法都需要投入一定規模的社會成本，深入社區調查和分析、對相關部門下達提倡獎勵的指令與執行、因應更改電費的收費方式需要改變的相關措施等，除此之外，改變的效果也很難預測，甚至可能衍伸出新的問題，像是：提高電費後引起民眾反感，且讓收入較低的民眾負擔不起，而真正用電量高的民眾因為收入高而不在意電費調漲，這樣不但沒有解決問題，反而有社會正義失衡的隱憂。

那荷蘭政府是怎麼做的呢？

他們從數據中發現一個有趣的現象：在阿姆斯特丹郊區的一個地方，有些房屋的電錶裝在地下室，有些則裝在前廳，可以一眼看到家庭的累積用電量。而沒想到的是，電錶裝在前廳的家庭用電量比其他家庭少了三分之一！（這個小故事出自《系統思考 Systems One》一書作者的分享）

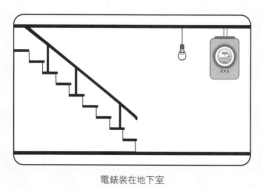

電錶裝在地下室

電錶裝在前廳

有效的資訊揭露有助於進行有效的變革！

只是對於自己的用電量「知道」與「不知道」的差別，就足以產生這麼有效的改變，沒有獎勵，也沒有懲罰，也沒有調整規定和法令，只是一點資訊的揭露就可以讓居民自主性地改變，如果善用這樣的方法和思維，我們是不是可以節省很多社會成本，同時從根本改善許多問題呢？

這世界上充滿各種類似這樣的挑戰，對於問題的改善也會有各式各樣的期待和聲音，但最怕的就是解決了一個問題後卻引發了更多問題……。

唐內拉‧梅多斯(Donella H. Meadows)是一個系統思想家，他認為不該只專注在想要改善的「點」，同時要觀察相關要素之間的互動和功能，透過整體性的思考，建構出完整的「系統」，才能找出改變的槓桿點(用最低的成本產生最大的效力)。

唐內拉‧梅多斯在系統思考一書中提出了十二個變革的方式，資訊結構的改變與資訊的揭露是變革的方式中，不需要改變規則(律法、規定等)，卻可以產生很大的效力的方式。只要謹慎思考應該溝通的資訊內容、資訊呈現的方式與對象，就有機會讓系統自我調節，進行最溫柔有效的變革！

3 資訊溝通的好幫手

為什麼要把資訊視覺化？

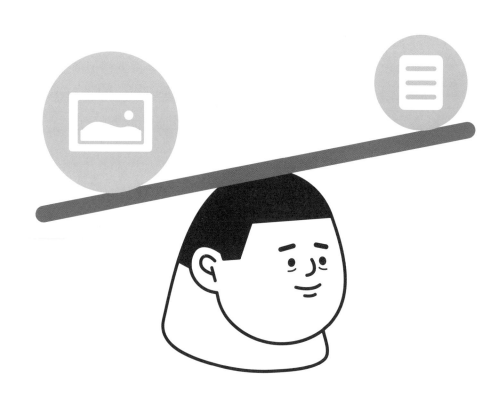

「圖像思考不是一個方法或理論，

是我們為了生存演化後的結果。」

因此你不該問自己：「學會了嗎？」

應該問自己：「為什麼忘了呢？」

翻到下一頁，

看看一樣的資訊視覺化後有什麼不同？

◉ 眼睛是人們接收資訊最重要的感官之一

- 在我們的身體中有各式各樣的感覺接收器,其中有70%的感覺接受器的都群集在我們的雙眼

- 想要接收外界的刺激和印象,透過眼睛是效率最高的方式之一,人眼看一個目標要得到視覺印象,只需0.07-0.3秒的注視時間

◉ 視覺化能提高資訊的吸引力和理解的效率

- 案例一:
  有研究顯示在說明書中附上插圖能讓使用者的完成度高出323%。

- 案例二:
  藥品標籤研究顯示:若只有文字解說藥品,病人接受度為70%;但如果文字加上圖示解說,病人接受度高達95%。

- 案例三:
  沃頓商學院(Wharton School of Business)研究顯示:口頭敘述推銷,消費者被說服機率為50%;口頭敘述加上圖片、影像解說,消費者被說服率為67%。

◉ 視覺化有助於記憶

- 九歲以上,人類的記憶訊息中有70～80%是屬於視覺型。

視覺化版本

 **眼睛是人們接收資訊最重要的感官之一**

70%
的感覺接受器都群集在我們的雙眼

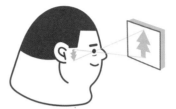

人眼得到一個目標的視覺印象，只需注視

0.07-0.3s

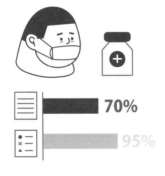 **視覺化能提高資訊的吸引力和理解的效率** 以下實際案例就是最好的證明

323%

說明書附上插圖能讓使用者高出323％完成度

70%
95%

藥品標籤研究顯示：相較於純文字說明，加上圖示解說可使病人接受度提高25％

67% **50%**

沃頓商學院研究顯示：推銷時加上圖片及影像解說，消費者被說服的機率將提高17％

 視覺化有助於記憶

70-80%

的記憶訊息是屬於視覺型（九歲以上）

讓我們來看看視覺化可以做到哪些事吧！

對學習的幫助

認知 不存在過去認知經驗中的東西，圖解往往比文字描述精準許多。

辨識 需要快速辨識的圖像標示，拿掉細節後干擾較少、辨識度更高。

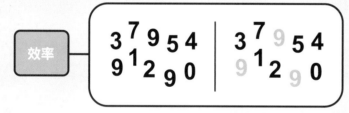

效率 數數看有幾個「9」？善用顏色、造型的差異能大幅提高閱讀效率。

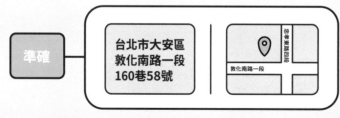

準確 視覺化可以同時呈現「相對位置」，讓你更容易找到要去的地。

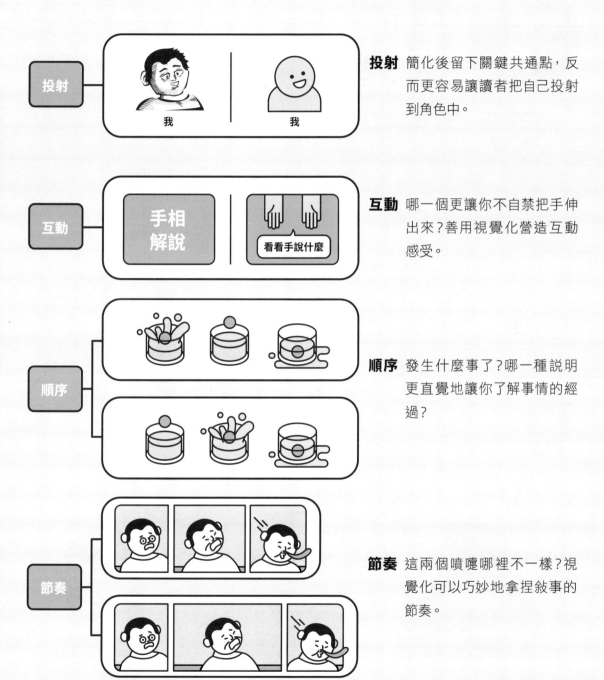

投射 簡化後留下關鍵共通點,反而更容易讓讀者把自己投射到角色中。

互動 哪一個更讓你不自禁把手伸出來?善用視覺化營造互動感受。

順序 發生什麼事了?哪一種說明更直覺地讓你了解事情的經過?

節奏 這兩個噴嚏哪裡不一樣?視覺化可以巧妙地拿捏敘事的節奏。

資訊
視覺化的應用

面對看不到的難題可以怎麼做？

「溫度計並沒有分共和跟民主的版本。」

——氣候科學家 理查‧薩默維爾

同樣的，

視覺化的應用也沒有

黨派、領域、國界、你我之分。

原文為

"There are no Republican or Democratic thermometers."

——Richard Somerville, Scripps Institution of

Oceanography Climate Scientist.

DIKW圖解與故事舉例

DIKW體系將廣義的資訊區分為
四個層級：
「資料」（Data）、
「資訊」（Information）、
「知識」（Knowledge）和
「智慧」（Wisdom）。
唯有清楚理解資訊的屬性，
才能採取最佳的視覺化方法！

在進一步了解視覺化對於不同資
訊層級的影響之前，讓我們先來
看一位19世紀流行病學家約翰‧
斯諾（John Snow）的故事，並
以DIKW的流程圖來呈現故事的
脈絡。

John Snow

19世紀時，英國爆發了四次霍亂大
流行，當時的科學家、醫生和研究員
都找不出原因，也不知道霍亂傳染
的媒介是什麼。當時有個外科醫生
John Snow採取了這樣的行動：觀
察發生的環境、訪談霍亂病患住戶，
根據觀察對傳染原因做假設，再針對
假設大規模蒐集相關資料。

根據蒐集來的資料，John Snow把
有病例發生的住戶地址與抽水機位置
分別以不同的符號標註在街道地圖
上，發現病例的發生與某個抽水機的
水源提供區域吻合。接著運用統計方
法進一步驗證其關聯性，並想辦法排
除其他原因。有病例發生的住戶地
址：●、抽水機位置：X

問題

提出假設、蒐集資料
如：觀察、訪談、問卷調查

資料

說明	客觀的事實 如：數據、事件、單字、影像
如何回應問題	無法回應問題， 未經分析判讀就沒有意義
視覺化 能幫忙的地方	資料視覺化 協助推理和分析，讓大量的 資料間的關聯性一目瞭然
視覺化 須注意的關鍵	盡可能客觀地呈現資料， 讓資料自己說故事 （呈現關聯性）

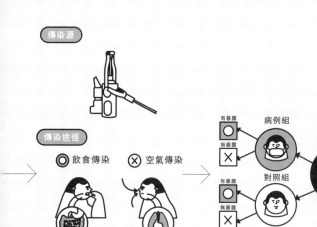

傳染源

傳染途徑

◎ 飲食傳染　　⊗ 空氣傳染

研究方向

病例組

樣本

對照組

時間

有暴露 / 無暴露

根據分析資料得到的結果，John Snow 認為霍亂是透過被污染的水源散播，而非當時的主流想法：「霍亂是透過被污染的空氣散播」，並提出霍亂疫情的解決方案：「暫停該抽水機水源的供應！」。

John Snow 的研究方法深深影響了後來流行病學的發展，流行病學的目的是為了阻止原因不明的傳染病蔓延，因此這種病例對照研究法對於即時有效地找到原因，進而控制流行疾病的疫情非常有幫助。

隨著時間的演進和一次次經驗的累積，人們對於流行病的預防及緊急處理措施有了更多的了解，較能夠在適當的時間做出正確的判斷和行為，進而延長了人類的壽命。

資訊 (I)

不斷驗證、系統化整理
如：實驗、預測/驗證

知識 (K)

學習探究、內化吸收

智慧 (W)

資訊	知識	智慧
有意義並經過組織的訊息 如：說明脈絡、 建議作法、理念傳達	對存在的事實 有系統與脈絡的解釋 如：理論、實作方法、認知框架	運用所知啟發價值
可以回答較淺層的問題， 如：為什麼發生、該做什麼	可以回答較深入的問題， 如：怎麼做、為什麼要這樣做	知道如何在對的 時間做對的事
資訊視覺化 提升資訊被吸收的速度與準確率，且 更容易散播	知識視覺化 降低學習負擔提高學習效率 協助跨領域交流	智慧不易視覺化，更適合透過實際互 動與討論來傳承，但視覺化可協助故 事或經驗的散播
根據溝通對象和溝通情境選用最適合 呈現的方式	了解視覺符號、圖像在該領域的慣用 含義，並與相關專業確認	

5 做出資訊圖表的核心策略

吸引、理解與行動

吸引 → 理解 → 行動

對於資訊提供者來說，

想辦法讓資訊圖表接觸溝通對象、

「吸引」他們的目光，

接著讓他們「理解」資訊內容，

最後希望被他們「記住」或是採取「行動」，

是最理想的目標，

然而事情往往沒有這麼簡單。

為什麼事情沒有這麼簡單？

首先要知道，想要透過一張資訊圖表將這三個效果都做好是非常困難的，想想看健達出奇蛋的「三個願望，一次滿足」也只能滿足六到九歲的小孩；另外，吸引、理解和行動不一定按照順序發生，甚至不一定都會發生。如果這些事情沒有事先搞清楚，那你的資訊圖表就可能什麼願望都滿足不了。

四個象限幫助你判斷採取策略！

製作資訊圖表之前，一定要先弄清楚你最想要它達到的效果是什麼，看看下一頁的圖，我們選出兩個決定資訊發揮影響力的關鍵因素，再用這兩個關鍵因素區分出四種情況，和其相對應該採取的策略：

依照溝通的情境找到象限位置後，就能知道它最希望達到的效果是什麼，並且可以繼續制定下一步的目標。舉例：如果溝通對象目前位於左下角，你可以用資訊圖表引起對方的興趣，請對方留電子信箱等聯絡資訊（往右下角前進）；也可以透過資訊圖表讓對方知道相關資訊對他的重要性，想辦法把他轉向左上角。

許多品牌千方百計地希望你成為他們的會員，為的就是希望把你從左下角移動至右下角，但是現在經營內容的效果完全不輸廣

告，好的內容透過資訊圖表來呈現往往更具有加分的效果，讓人更願意分享、追蹤，當消費者開始信任品牌創造的內容，自然就會往右上角移動。

如何提高資訊本身的吸引力呢？
你可以試試以下這幾種方法：

1 與其直接告訴讀者結論，不如試試看從一個他們可能關心的「問題」開始！如果一開始就以讓讀者啟動大腦開始思考答案，接著閱讀內文的意願自然也提高許多。

2 明確地點出讀者原本沒有意識到的「認知落差」，除了讓讀者出乎意料進而想一探究竟，先清楚地知道自己認知的錯誤，再重新吸收正確的知識也是很好的學習過程喔！

3 在一開始就讓讀者知道你想傳達的資訊和他有什麼「關聯」、他為什麼應該要知道這個訊息呢？這樣可以快速建立連結，並讓讀者更有參與感。

4 有些資訊圖表會給你這種感覺：「這一定要轉發親朋好友老師同學隔壁鄰居……」，讓讀者覺得有收穫、有幫助的實用資訊圖表常常讓人忍不住想分享收藏！

溝通策略象限

關鍵因素

主動學習資訊/被動接收資訊 主要取決於「溝通對象是否有意識到自己需要知道這些資訊」、「資訊本身對於溝通對象的吸收動力有多大」

接觸時間長短 包括「單次接觸時間長短」、「接觸次數多寡」

- - - - - - - ➤ 努力方向

 錯誤示範 看起來或許不難，但現實生活中卻充滿了各種錯誤示範，讓我們來看看

 只是想好好吃一餐，怎麼那麼難？

1）每篇食記都落落長，重要資訊到底隱藏在哪裡？
2）在路邊打開找美食的APP，哪來時間看食記，只能信任美食APP的星星
3）最後吃到好料算幸運，踩到地雷只好摸摸鼻子刪APP

給予即時並實用的資訊
建立更多互動的誘因

行動

接觸時間短

吸引

 那些只能用來墊便當的廣告傳單

1）一次想要說的東西太多，讓人眼花撩亂無法第一眼抓住重點
2）無法建立品牌印象及品牌忠誠度

找到溝通對象並建立
連結才有下一步

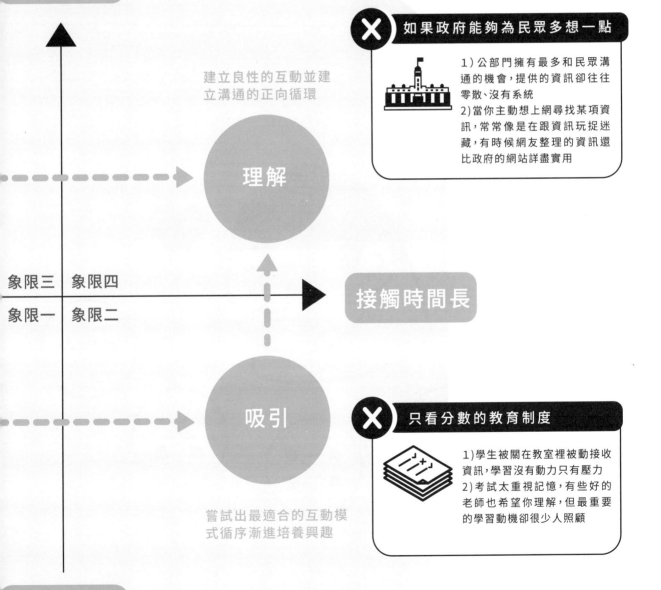

主動學習

建立良性的互動並建
立溝通的正向循環

理解

如果政府能夠為民眾多想一點

1）公部門擁有最多和民眾溝
通的機會，提供的資訊卻往往
零散、沒有系統
2）當你主動想上網尋找某項資
訊，常常像是在跟資訊玩捉迷
藏，有時候網友整理的資訊還
比政府的網站詳盡實用

象限三 | 象限四
象限一 | 象限二

接觸時間長

吸引

只看分數的教育制度

1）學生被關在教室裡被動接收
資訊，學習沒有動力只有壓力
2）考試太重視記憶，有些好的
老師也希望你理解，但最重要
的學習動機卻很少人照顧

嘗試出最適合的互動模
式循序漸進培養興趣

被動吸引

6 五個設計大師不說的法則

掌握記憶點、資訊層次、視覺動線、顏色運用與互動性

大家常常問我們：

「什麼是好的資訊圖表設計？」

除了好的資訊整理之外，

在設計上滿足這五個法則是我們對自己作品的標準，

若你看過許多好的資訊圖表，

你會發現，

它們大部分都滿足這些法則。

1 難忘的記憶點——
你希望讀者看完以後帶走什麼資訊內容？

最怕讀者看完資訊圖表以後什麼也沒留下

記得將設計重點放在你想傳達的資訊重點，是澄清事實、提出問題、統整比較，還是鼓勵採取行動？一味地將所有資訊圖像化只會失去焦點。

超過三個重點就等於沒有重點，參考下圖範例，如果想要強調台北市長的市「讚」率，可以將資料分成兩類：「台北市長的市讚率」和「其他五都市長的市讚率」來觀察百分比，如此一來就可以發現台北市長的數據比其他五都市長全部加起來還要多！同時因為圓餅圖中的組成類別減少為兩類，調整為甜甜圈圖（中空的圓餅圖）更能一目了然，還可以將想要強調的資訊圖像化置放於圖表中。

小提醒

不過建議還是要將完整的資料來源附上，讓有興趣的讀者可以自行判斷和探索，也增加資訊圖表的可信度喔！

台北市長的臉書市「讚」率明顯高過其他五都市長

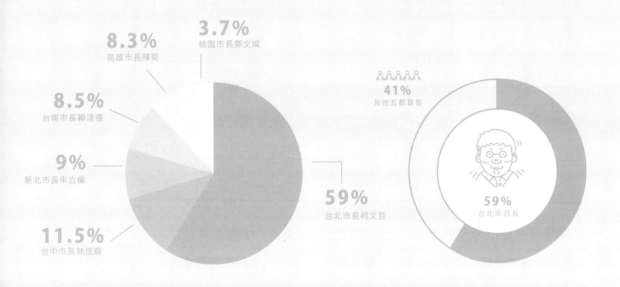

六都首長貼文數

台北市長柯文哲	20,190,821	台南市長賴清德	2,877,457
台中市長林佳龍	3,932,997	高雄市長陳菊	2,866,315
新北市長朱立倫	3,055,562	桃園市長鄭文燦	1,240,968

台北市長臉書市「讚」率圖，資料來源：QSearch（2015.01.01-03.31）

2 資訊的層次分明——
不怕資訊多，只怕資訊沒層次

一秒鐘、一分鐘、十分鐘……
你的設計能夠讓目光停留不同時間長度的人
讀到不一樣的資訊深度嗎？

通常資訊看起來又臭又長是因為缺乏「層次」，要讓資訊呈現層次分明，首先要搞清楚這些資訊的「結構」和「重要次序」：

資訊的結構　一個適當的標題，再透過視覺化的方式呈現資訊結構，能讓人在第一眼抓到這些資訊之間的關係，接著看資訊內容時就比較不容易迷失在資訊裡。

資訊的重要次序　將你想要傳遞的訊息按照重要順序分層，再透過視覺呈現設計來突顯重點，例如字級使用大至小，使層次清楚呈現(最大為標題、最小至附註)、善用顏色區分重點(詳細說明請參考原則五：顏色運用有邏輯)、依照資訊的重要性安排其所佔的版面大小。

圖說　參考後頁圖範例，若只是將資訊分成不同區塊呈現，乍看之下只有幾個不知所云的標題關鍵字，但若像右側的示範，將事件發生的脈絡透過簡單的視覺化呈現，則在第一眼就能大致抓到三中全會到底發生了什麼需要關注的改變和順序。除了將資訊架構具體視覺化呈現之外，我們也將資訊分層，讓趕時間的人第一眼能夠透過資訊圖表中的次標題和圖像了解三中全會造成的影響，接著可以就自己有興趣的部分細看文字，清楚的架構讓讀者隨時挑自己想看的段落閱讀也不至於迷失在文字海裡。

小提醒

沒有資訊圖表製作經驗的人很喜歡「簡化」資訊，這樣一來儘管呈現資訊的難度降低不少、設計也有更大的發揮空間，如果忽略資訊呈現的完整性，很容易造成讀者的偏見和誤判，所以在簡化資訊時要非常小心。好的資訊圖表設計不能一味簡化資訊，而應該盡力運用視覺化、善用資訊分層、結合故事或配合資訊本身的特性，讓原先不易吸引或被理解的條件轉換成其吸睛的特色，並降低溝通對象理解的門檻。更何況，很多時候，資訊的美正好在其複雜性或其他難以呈現的特性，不是嗎？

改革？改革！解析習近平與三中全會新政

Myanmar's reform & turmoil

三中全會

中國共產黨第十八屆中央委員會第三次全體會議，簡稱中共十八屆三中全會。

此次會議主要議題是繼續進行改革，主要包含經濟體制、政治體制、文化體制、社會體制、生態文明體制五個體制的改革，以及中國共產黨內建設制度的改革。會中決定設立國家安全委員會、中央全面深化改革領導小組。《中共中央關於全面深化改革若干重大問題的決定》(以下簡稱《決定》)亦在會後出爐。

「決定」

「中共中央關於全面深化改革
若干重大問題的決定」

習近平以「中國夢」的精神為基礎，習近平談改革援引1992年鄧小平在南方談話中的話—「不堅持社會主義，不改革開放，不發展經濟，不改善人民生活，只能是死路一條。」藉以強調高強度改革的必要性。

制度革新上，由於在經濟以外的諸多層面也都有不同以往的重大突破，自中國的改革號角響起，《決定》被視為「描繪中國改革路線的藍圖」，改革的政策力道大、範圍廣，且涉及人民日常生活的諸多層面，而引起國際媒體熱烈關注與討論。

而《決定》其中值得討論的是「廢除勞教制度」以及以「獨生子女的夫婦可生兩胎」的政策，有別於過去僅僅停留在表面微調的層次，這兩者除了將對於既有體制產生重要改變，也引起國際維權組織的關注。

習近平

中共國家主席

隨著習近平接任新一屆領導人以及十八大以來多次被提及的「中國夢」精神——「中國夢就是要實現國家富強、民族振興、人民幸福，因此必須走中國道路，也就是中國特色社會主義道路」，並予以經濟改革層面相當大的重視。

廢除勞改

特赦組織批評，中國在過去一年，對政治異見份子、維權人士及網絡作家採取騷擾、恐嚇、強制拘禁及「被消失」等手段對付。在去年十一月的十八大期間，當局至少囚禁或軟禁了130人，以收滅聲之效。

然而，廢除勞教制度引起各方不同的批評，如美國勞改基金會主席吳弘達認為：「由於勞教制度不必通過法院，是一種維持社會穩定的方便手段，因此儘管官方決定廢止這個做法，但這並非一個真正和關鍵性的改革，也不代表批評當局的聲音就能夠被容忍。」一些國際媒體分析表示，廢除勞教很可能是習近平為緩解當前大陸各地的抗議浪潮而採取的緊急措施。

中央深改組

中央全面深化改革
領導小組

三中全會決定成立的機構之一，是中共中央委員會關於萬和國家各領域改革的最高領導機構。

統一部署全國性的重大改革，統籌推進各領域改革，協調各方力量形成改革推進合力，加強督促檢查，推動全面落實改革目標。

國安委

中央國家安全委員會

三中全會決定成立的機構之一，以便「完善國家安全體制和國家安全戰略，確保國家安全」。

負責制定和實施國家安全戰略，推進國家安全法治建設，制定國家安全工作方針政策，研究解決國家安全工作中的重大問題。

開放二胎

階級矛盾
在此前的計劃生育政策是農業戶口有兩個生育指標，非農業戶口一個生育指標，現在總算讓部分城市人口享受了與農村人口同等的權利，卻反而可能導致「相對剝奪感」的發生——低層階級(勞動人口或農民)對於期望與現實之間的差距拉大而產生的不平衡情緒。

利益結構
「超生罰款」是對違反計劃生育政策人群徵收的一筆款項，後稱為「社會撫養費」，然而這些費用時常去向不明，甚至時常有挪用情形，也反映在當前腐敗的制度環境下，仍然有更多深層次的問題需要解決。

環境汙染
目前全世界空氣汙染最嚴重的20個城市，其中16個就在中國大陸，不僅造成人民的呼吸道感染，其所帶來的酸雨也影響農作物的嚴重損失。水汙染更是嚴重，兩大水域黃河與長江均受到工業廢水污染，除了造成生態破壞，也影響到人民的飲用水問題。

改革？改革！解析習近平圖　資訊結構視覺化版

改革？改革！解析習近平與三中全會新政
Myanmar's reform & turmoil

三中全會

中國共產黨第十八屆中央委員會第三次全體會議，簡稱中共十八屆三中全會。此次會議主要議題是繼續進行改革，主要包含經濟體制、政治體制、文化體制、社會體制、生態文明體制五個體制的改革，以及中國共產黨內建設制度的改革。會中決定設立國家安全委員會、中央全面深化改革領導小組。《中共中央關於全面深化改革若干重大問題的決定》（以下簡稱《決定》）亦在會後出爐。

會後成立		會後成立

國安委
中央國家安全委員會

習近平　主席　組長
中共國家主席

中央深改組
中央全面深化改革
領導小組

三中全會決定成立的機構之一，是中共中央委員會關於黨和國家各領域改革的最高領導機構。

習近平提及「中國夢」精神——「中國夢就是要實現國家富強、民族振興、人民幸福，必須走中國道路，也就是中國特色社會主義道路」。

三中全會決定成立的機構之一，以便「完善國家安全體制和國家安全戰略，確保國家安全」。

會後公布

「決定」
「中共中央關於全面深化改革
若干重大問題的決定」

制度革新上，自中國的改革號角響起，《決定》被視為「描繪中國改革路線的藍圖」，改革的政策力度大、範圍廣，且涉及人民日常生活的諸多層面，而引起國際媒體熱烈關注與討論。

而《決定》其中值得討論的是「廢除勞教制度」以及「獨生子女的夫婦可生兩胎」的政策，這兩者除了將對於既有體制產生重要改變，也引起國際維權組織的關注。

值得關注的兩項政策

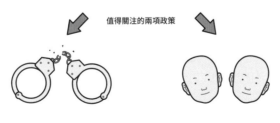

廢除勞改

在去年十一月的十八大期間，當局至少囚禁或軟禁了130人，以收滅聲之效。
然而，廢除勞教制度引起各方不同的批評，如美國勞改基金會主席吳宏達認為：「由於勞教制度不必通過法院，是一種維持社會穩定的方便手段，因此儘管官方決定廢止這個做法，但這並非一個真正和關鍵性的改革，也不代表批評當局的聲音就能夠被容忍。」一些國際媒體分析表示，廢除勞教很可能是習近平為緩解當前大陸各地的抗議浪潮而採取的緊急措施。

開放二胎

階級矛盾
現在讓部分城市人口享受了與農村人口同等的權利，卻反而可能導致「相對剝奪感」的發生。

利益結構
「超生罰款」是對違反計劃生育政策人群徵收的一筆款項，後稱為「社會撫養費」，然而這些費用時常去向不明，甚至時常有挪用情形。

環境汙染
目前全世界空氣汙染最嚴重的20個城市，其中16個就在中國大陸。兩大水域黃河與長江均受到工業廢水污染，除了造成生態破壞，也影響到人民的飲用水問題。

3 清楚的視覺動線──
掌握注意力及眼球運動的軌跡

讓人無所適從的不是資訊內容本身,而是混亂的視覺動線設計。

只要觀眾在接受資訊時感到混亂、困惑,就會阻礙他們理解資訊,在這種情況下,你的資訊圖表在第一眼就很有可能被觀眾的大腦打槍。

影響視覺動線的重要因素:閱讀慣性

人們平常的閱讀習慣是最難改變的一件事情,其建立在閱讀行為的便利及效率之上。閱讀慣性雖然會因為文化而有所不同,但大致上遵循著從上而下、自左而右(文案採橫式書寫時)、自右而左(文案採直式書寫時)的方向。

如果想要打破一般的閱讀方向慣性,就要很清楚這樣做的動機,可能和傳遞的資訊本身內容有關,如樹的蒸散作用過程(從樹根在地底吸收水分一路往上到頂端的樹葉被蒸散出去)、也可能是為了透過打破規則創造更大的視覺張力。

想要打破規則的視覺動線需要更清楚的視覺動線引導與暗示，這時候就需要知道一些「眼睛的語言」。

除了常見的視覺引導符號（如箭頭、輔助線）和前面提到的資訊層次規劃（圖像和字體大小層級的安排），善用下頁四種「眼睛的語言」，你也可以做出視覺動線清楚的資訊圖表！

★有興趣的朋友可以在認知心理學的領域中找到更多跟眼睛溝通的「潛規則」喔！

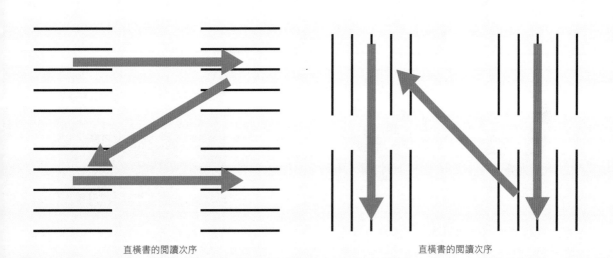

直橫書的閱讀次序   直橫書的閱讀次序

完形心理學中的4個視覺法則

封閉性

人類觀察事物時傾向把獨立的個別元素群聚，並自動填補元素間的空白狀態，當作一個封閉的圖像。

在應用封閉性這個原則時，要給足讓大腦能自動填補資訊的線索，善用對比強烈的色彩是個方法。

> "人類傾向群聚獨立的個別元素，
> 並填補元素的空白狀態"

相似性

觀察時若無法發現封閉性，人們就會傾向尋找視覺上有相似性質的事物，並建立關聯性，相似性使人們的眼睛和大腦更容易辨識、組織與分類。

我們會將直排的三角形與圓形判定成不同的群組。

用同相似的視覺呈現，讓人清楚認知到資訊的層級與關聯。

> "無法發現封閉性的話，
> 人們會自動找尋視覺相似的形體"

鄰近性

有趣的是若距離拉開，人們會更傾向將距離
近的物體群組起來，優些於物體的相似性。

距離拉開後，我們傾向將直行的三角形與
圓形群組成一個物件。

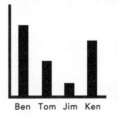

把相鄰的訊息收錄在同一個區塊裡，即使沒
有明顯框線，我們還是會因為訊息的鄰近性
自動把它變成同一組塊。
圖片來源：http://www.apple.com/

> " 與相似性同時存在時，
> 人們會傾向以鄰近性原則組織物件 "

連續性

大腦處理連續的事物比處理重疊或不連續
的事物要更為敏捷，因而在判讀訊息時傾
向將事物看成連續的形體。

在圖中我們看到的會是兩條直線，而不是
分散的圓點。

左圖右圖是同樣的資料，不過右圖掌握人
類視覺偏好連續性的原則，把資料從小到
大排列呈現，讓人一眼就看出數量大小的
關聯，閱讀起來相對省力。

> "人們對處理連續資訊時更為敏捷"

4 顏色運用有邏輯——
加法比減法容易

資訊圖表連顏色使用也需要經過思考規劃！

初學者製作資訊圖表很容易迷失在顏色的遊樂園中，每個迷人的顏色都想嘗試，最後卻花花綠綠的讓觀眾眼花撩亂，模糊了最先想要傳達的訊息。建議初學者從兩到三種顏色開始練習，再慢慢增加。

在思考顏色運用的規劃時，可以想想這幾個問題：

· **整張資訊圖表想要給人的感受是什麼？**

「是歡樂、和諧、悲傷、強烈、理性或是感性⋯⋯？」

依照自己想要傳達的感受選擇適合的主色系，再依照資訊內容選擇輔助的顏色，如果想要傳達的感覺相對中性，或是沒有特別想要傳達的感覺，可以依照資訊內容本身的特性選擇對應的顏色，接著看下個問題！

色盲人口比你想的還要多

紅綠色盲（色覺辨認障礙）人口占全球男性人口約 8%，女性人口約 0.5%，他們能看到多種顏色，但是會搞混某些顏色，尤其是紅色與綠色。另外全球約 6% 人口為三色視覺（色弱），約 2% 人口為二色視覺（色盲）。因此顏色的選用對於色盲的閱讀影響是非常值得好好思考的議題。

好用的工具讓你在設計時測試色盲眼裡的顏色：https://goo.gl/aOeg01

· 想要傳遞的資訊本身有沒有特別適合的顏色，能否與生活經驗做連結？

「想到辣椒，你會想到什麼顏色？」

如果想要重製史高維爾辣度表，你會怎麼做呢？

（請參考下圖 Re-lab 的重製）

顏色的聯想往往和生活經驗的連結和共鳴有很大的關係，如提到水，很多人
會想到藍色，提到愛情，大部分的人會想到紅色或粉紅色系，如果你想要加
強讀者對於資訊圖表中提到的關鍵事物的連結和印象，用符合該事物形象的
顏色會是很好的選擇；相反的，如果該事物在資訊圖表中只是配角，其實它本
身的顏色更適合跟著整張圖表的色調搭配。

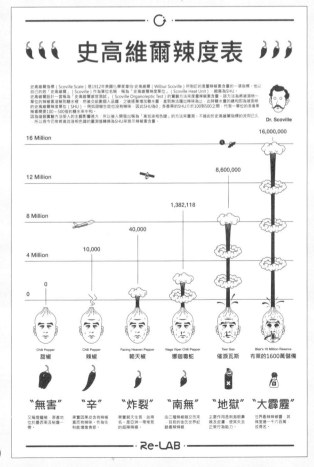

史高維爾辣度表（資料來源：史高維爾）

全島逃走中！
Animal Run! – 哺乳類篇

因為人類的開發，使得動物們的家園遭到破壞，為了躲避獵人的追捕，五位哺乳類夥伴決心一起逃入森林，但卻遭遇重重阻礙，來想想如何幫助牠們逃脫吧！

對對看
他們遇到什麼危險？

 物種滅絕
已經找不到一模一樣的動物了。

 非法狩獵
動物被壞人抓起來了。

 非法買賣
動物被壞人拿去買賣。

動物小知識

台灣雲豹	台灣黑熊	台灣狐蝠	歐亞水獺
居住地區 滅絕	**居住地區** 中央山脈	**居住地區** 綠島	**居住地區** 金門
小知識 1.目前台灣已經沒有任何的台灣雲豹了。 2.獵食的時候會躲在樹上，等獵物經過時再跳下來攻擊牠們。	**小知識** 1.跑步速度很快，每小時達 30 到 40 公里。 2.因為胸口前有 V 字型的白毛，所以有「月熊」的稱呼。	**小知識** 1.台灣狐蝠跟一般的蝙蝠不同，不會使用超音波來定位。 2.大多棲息在樹上。	**小知識** 1.毛皮可以防⋯ 響毛皮功能。 2.喜歡隱蔽的⋯

「全島逃走中！」台灣特有種動物 - 哺乳類（資料來源：維基百科）

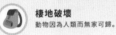

棲地破壞
動物因為人類而無家可歸。

亂丟垃圾害環境被破壞。

石虎

居住地區
苗栗、嘉義等

小知識
1.會用排泄物劃定自己的生活範圍。
2.身上有許多點狀斑紋，眼睛周圍與額頭也有白色條紋。

中待久了會影
去除髒分。
自己的家。

· 顏色的語言

「『禁止』和『通過』，你會分別用什麼顏色表示？」

除了具體事物之外，還有一些抽象的感觀或體驗，像是「禁止」和「通過」，相信很多人都會聯想到「紅綠燈」，因此回答「紅色」和「綠色」。使用能夠引起溝通對象共鳴的顏色，通常能夠大幅降低誤解和困惑發生的機率，若應用得當，還能夠提高資訊吸收和記憶的效果！

「看看左圖的台灣特有種哺乳類海報設計，知道為什麼設計師選擇用藍色作為背景的主色調、用紅色作為下方重點資訊呈現的背景色嗎？

藍灰色的背景象徵生存環境被破壞，以及設計師對於特有種動物瀕臨生存危機的悲傷，下方的紅色除了警惕人們保育的重要性之外，也用漸層的紅色呈現瀕臨絕種的危急程度。」

如果是你，會怎麼配色呢？

再來看看我們與台北市政府社會局合作的線上懶人包，想想看，我們為什麼選用綠色和黃色作為「從單次禮金到永續社福」的主色調呢？

本主題想傳達的關鍵訊息是「永續是政策推動的重要考量，也需要大家一起來思考」，所以選用綠色做為整個懶人包的主色，而黃色作為次要色用於和禮金相關的資訊説明上。另外，因為想要呈現幸福輕鬆的感覺，所以其他的圖像和圖表還是少量運用了暖色系的色彩點綴，使得作品更活潑親切。

其實仔細觀察做得好的資訊圖表作品就會發現，其中的顏色規劃運用都是大有學問的喔！

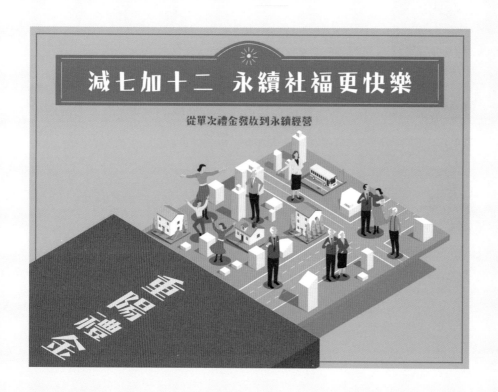

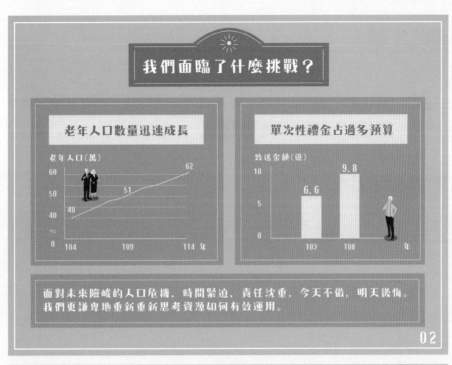

我們面臨了什麼挑戰？

老年人口數量迅速成長

老年人口（萬）

60
50
40
≈
0   104   109   114 年

40   51   62

單次性禮金占過多預算

致送金額（億）

10
5
0
103   108   年

6.6   9.8

面對未來險峻的人口危機，時間緊迫，責任沈重。今天不做，明天後悔。
我們更謙卑地重新重新思考資源如何有效運用。

02

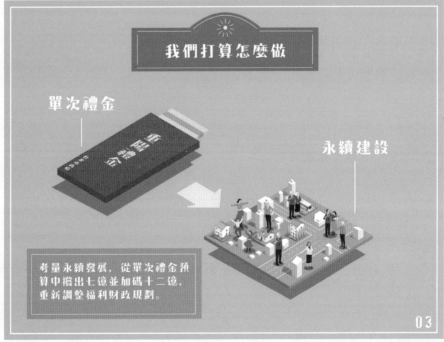

我們打算怎麼做

單次禮金

令子禮金函

永續建設

考量永續發展，從單次禮金預
算中撥出七億並加碼十二億，
重新調整福利財政規劃。

03

完整版請見：https://goo.gl/ZrfTKw

5 有共鳴的互動性——
創造不一樣的溝通體驗

建立連結與參與感

除了多從讀者的角度出發思考之外,還有一些具體的面向可以著手:

· 文案設計　最容易創造互動性的方法,可以對讀者説話、用問句作開頭引
發思考等等。
· 引導設定　清楚的引導讓讀者知道當下該做什麼、該思考什麼,或是讓讀
者知道事後該怎麼做、該改變什麼。
· 資訊提供　提供更多資訊、資源,在溝通對象的興趣和共鳴被勾起之後,
可以去哪裡做更進一步的學習和了解呢?

良好的互動性案例可參考與台灣專業社群分析團隊QSearch數位合作的
Facebook社群媒體季報。

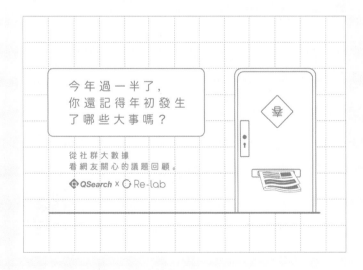

來看看2015年1到3月前十五名新聞生什麼款？

① 世間處處皆有溫情，感人故事最是動聽。

② 市井小民行俠仗義，網路鄉民鍵盤打氣。

③ 大喜臨門歡笑四溢，網友最愛沾沾喜氣。

還記得年初發生的大事嗎？
前六名熱門議題發酵區間

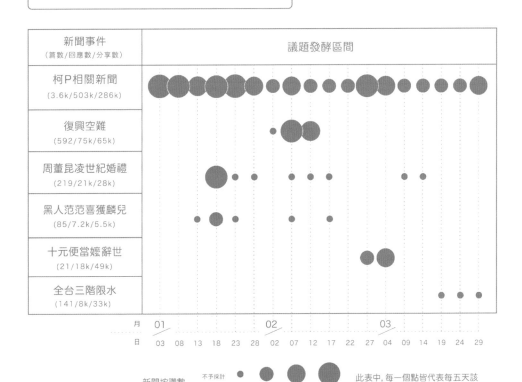

新聞事件 （篇數/回應數/分享數）	議題發酵區間
柯P相關新聞 (3.6k/503k/286k)	
復興空難 (592/75k/65k)	
周董昆凌世紀婚禮 (219/21k/28k)	
黑人范范喜獲麟兒 (85/7.2k/5.5k)	
十元便當嬤辭世 (21/18k/49k)	
全台三階限水 (141/8k/33k)	

月 01　02　03

日 03 08 13 18 23 28 02 07 12 17 22 27 04 09 14 19 24 29

新聞按讚數
單位:萬個讚

不予採計　0-10　10-40　40-70　70-100　100

此表中,每一個點皆代表每五天該事件所累積的讚數加總。

 常見
資訊圖表類型

以應用形式與版面配置分類

我們發現資訊圖表的應用形式和版面配置

這兩種分類，

對初學者而言是最實用的參考。

根據適合的情境、資源和需求，

選擇正確的應用形式，

才可以事半功倍；

版面配置雖然有很多線上作品可以參考，

但我們希望以構圖的角度出發，

跟大家分享簡單的分類，

讓大家可以第一次設計版面就上手！

1 以應用形式分類

資訊圖表的應用形式百百種,如何選擇最適合的形式呢?我們整理了最實用的幾種常見應用形式,並挑選出幾個重要面向做比較讓大家參考!

1 實體環境資訊:指標、展覽內容

2 搭配解說:商業簡報、演講

3 平面:報告書、平面圖、報章雜誌

4 動態:GIF、動畫、實拍影片

5 網頁:單頁式網站、互動圖表

6 測驗遊戲:線上測驗、情境體驗、互動遊戲

其中平面、動態(以影片為例)、網頁與遊戲的優勢各有不同,在選擇資訊圖表呈現類型時可參考下圖:

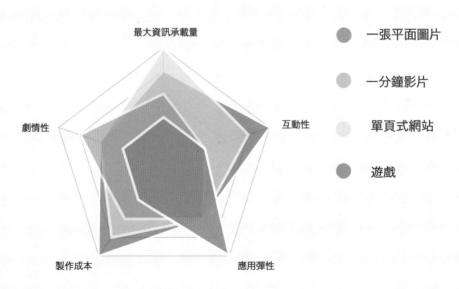

不同形式之五力比較圖

2 以版面配置分類

在版面配置中，可大致分成四種類型與一綜合型：

1 一枝獨秀型

畫面由一個顯眼的主視覺圖像搭配其他次要的輔助說明資訊構成。

適合主題明確或是想要以吸睛的視覺主體來突顯製作主題的情況。如：

圖像型　重點視覺元素為非質化／量化資料的圖像，如照片或插圖。

如果主圖設計得當，可以讓人第一眼就抓到資訊圖表想溝通的主題，但要注意第二眼後的視覺動線及其他資訊的呈現設計，才不會在第一眼後注意力就失焦了喔！

圖表型　主視覺元素主體為一個質化／量化資料圖表。適合想要凸顯單一圖表資料的情況，但使用時要特別注意主要圖表的資料內容與資訊圖表標題互相呼應，且相輔相成，如圖表中的數據可以回應標題中提出的問題。

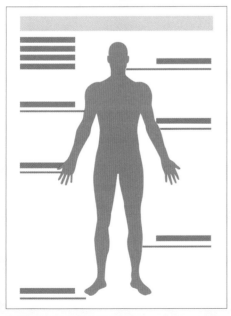

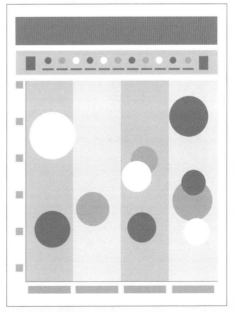

圖像型：以身體構造為主題示意

圖表型：以泡泡圖為主圖示意

2 網格拼版型

畫面由形狀、大小不一的格狀區塊構成,各區塊面積比例相差不遠。

適合呈現資訊間連結性不高的內容,如「關於環島旅行-那些重要的小事」、「今年新增的世界紀錄有哪些?」。但提醒大家,在規劃版面時還是要注意資訊項目間的先後關係與閱讀順序喔!如:

區塊大小比重不平均、沒有規律 建議根據「資訊重要性」來安排各資訊項目的版面面積,如果只是依照資訊量的多寡分配版面面積,很有可能失去想呈現的焦點喔!

區塊大小比重幾乎一致 最常見的例子就是圖鑑,因為每一個資訊項目的重要性相當,所以整齊排列能讓人更快找到想要看的項目,除此之外,在一開始「說明排列的規則和邏輯」也會對讀者很有幫助!

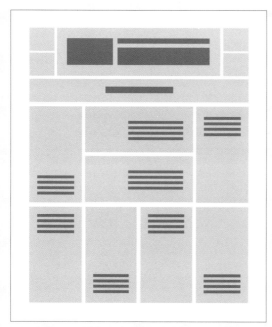

呈現版面依照資訊重要性不一而安排

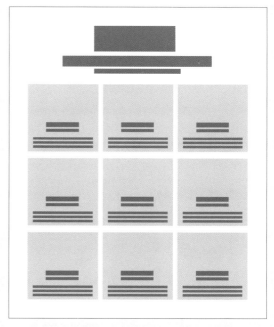

呈現版面依照資訊重要性幾乎一致

3 軸線型

畫面中有一條明確的（有形或無形的）軸線引導視覺動線。

適合使用於需要強調資訊間的順序、或需要明確的閱讀順序引導時。如：

分解圖　又稱為爆炸圖，如果爆炸的物件較多，建議透過有邏輯的顏色規劃或軸線型的排版讓讀者更容易找到想看的物件。

有方向性的軸線　如時間軸、流程圖，一般來説，建議讓軸線的閱讀方向符合閱讀順序習慣，即上至下、左至右，或者斜上至斜下。想要打破閱讀順序就要在視覺動線暗示上多費點心思喔！

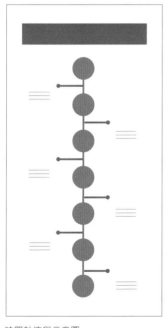

時間軸流程示意圖

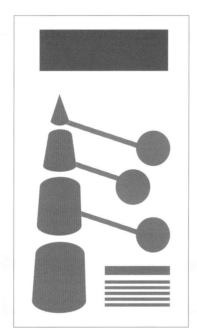

產品分解示意圖

4 網狀散佈型

畫面由不同的圖像構成，重點在於呈現彼此間的網絡關係。

尤其適用於觀察多數資料間的相互關係。如：生物之物種分類關係圖、心智圖等。

為了使畫面看起來更平均，可以使用一些線上工具，如：draw.io（較簡易，適合初學者）、D3.js（較適合觀察大量資料間的關係），先調整資料的分佈架構，再輸出至繪圖軟體後製調整。

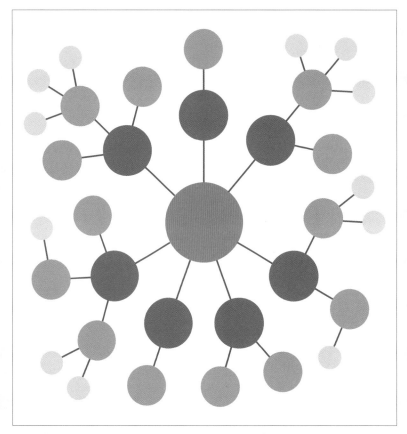

心智圖發展過程示意圖

5 綜合型

視情況結合以上幾種分類呈現，或是與使用情境結合的創意，但要記得別搞丟了
重點喔！

比較適用於「報告書」、「閱讀教材」等，反覆閱讀與探索可能性較高之內容。

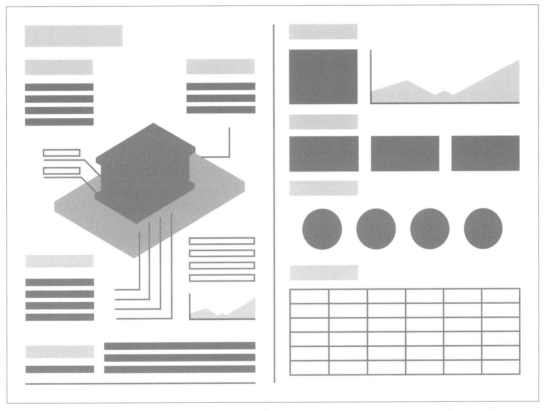

綜合型示意圖

三個在製作前重要的小提醒

1.標示出處：慎選可靠的資料／資訊來源，並在最後附上出處！

2.保持客觀：有主見之餘還是保有客觀思考的腦袋，製作前蒐集多方看法和統整是很重要的！

3.誘發動機：不要拼命地想把資訊塞進別人腦袋裡，退一步想如何吸引對方主動來瞭解才會事半功倍！

手邊缺乏好的資料怎麼辦？

推薦有公信力的資料來源：

查詢知名的資料庫平台

若您為大學生或是研究員，可以檢視自己的所屬單位是否有購買以下資料庫：WOS（Web of Science Core Collection）提供跨領域的文獻，從中可以找到自然科學、社會科學、人文藝術等領域的豐富資料；全球最大的索引摘要資料庫 Scopus 收錄兩萬多種學術期刊和四百多種商業雜誌、EBSCO 資料庫可查詢多種學科領域的全文期刊或是索引摘要，醫學資料庫如 PubMed 可部分免費下載全文。

在免費資源的部分，可以參考世界銀行提供的四個與經濟領域相關免費資料庫 World Development Indicators Online、Global Development Finance Online、Africa Development Indicators Online、Global Economic Monitor，以及國內政府單位所建置的資料庫，包括台灣博碩士論文知識加值系統、政策研究指標研究院，裡面整合了國際組織（Eurostat、OECD、WEF、World Bank 等）與國內政府機關各種領域的指標資料、中選會的選舉資料庫網站，以及可進一步結合地圖查詢的社會經濟資料庫。

詢問各領域權威專家

藉由詢問相關領域的專家可獲得更多專業的意見回饋，讓我們能接觸到更多自行蒐集無法得到的資訊及洞見。

取用開放資料（**open data**）

現在透過越來越多單位願意對大眾開放自己機構中所蒐集、記錄的原始資料，不但增加了資訊的透明度，也讓我們能據此做更多的利用。大家可以就想設計的議題，尋找相關的研究單位、政府單位是否釋出相關的資料。在台灣可以尋找：政府資料開放平臺，內有中央、地方政府及國營事業等各單位的開放資料，也可以直接到各機構尋找其有無另行建置的平台，如內政資料開放平臺、農業委員會資料開放平台等。

國外的部分可以在關鍵字搜尋「open gov data」及國別，這樣就可以找到該國的開放資料平台。另外還有一個小技巧，你可以直接在關鍵字後面空一格加上「site:gov.tw」，這樣搜尋的資料就會限定在政府的網站中，可以提高找到資料的權威性。最後，Google也有建置一個存放開放資料的平台「Google Public Data」，大家可以善加利用！

利用已將開放資料進行加值的平台

很多單位也集結起來，想要利用剛剛所提到的開放資料，將資料透過如視覺化的方式加值，以覺察出更多有趣的事實。如：台灣的零時政府（g0v）及 datajournalismNTU、美國的 DATA USA 等。

尋找具公信力媒體平台發表的新聞

資訊圖表時常都是結合時事的，因此報章雜誌等新聞媒體也是重要的蒐集資料管道。除了要篩選品質較佳、具有良知的媒體外，若想要有系統地查找新聞資料，大眾可以透過申請國立公共資訊圖書館的借閱證，利用其數位資源中的新聞知識庫，其中收錄了《自由時報》、《聯合報》、《中國時報》、《經濟日報》、《民生報》、《工商時報》等新聞報導文章。而像《紐約時報》(*The New York Times*)、美國國家公共電視台(*National Public Radio*)重視將新聞以視覺化方式呈現，也可以成為大家取用有價值新聞並參考其呈現方式的重要管道。

看完以上較具有信賴度的二手資料獲取方式，若仍覺得不夠——要做的主題前人未曾做過、未有權威、可靠的來源，或認為若有第一手的資料較佳，也可以自行蒐集資料，如訪談有關人士、發放問卷等，甚至可以是以線上的方式進行蒐集資料的工作，不但能透過群眾協作的方式得到大量的資料，並且還能將結果動態地呈現在網路上，隨時給他人檢視與進一步利用，例如 Code for Africa，此組織即在非洲進行了一些專案，像是建置讓人民可以舉報假醫生或投票地點的平台，以此協助彼此共同的生活，就是透過公民參與讓需求的資訊能快速被建立起的一個案例。

實用圖表一覽
BOARD OF USEFUL CHART TYPES

Re-lab

趨勢
Trend

- 折線圖 Line Chart
- 散布圖 Scatter Plota
- 瀑布圖 Waterfall Chart
- 面積圖 Area Chart
- K線圖 Candlestick Chart

比較
Comparision

- 長條圖 Bar Chart
- 泡泡圖 Bubble Chart
- 文字雲 Text Cloud
- 平行座標圖 Parallel Coordinates
- 玫瑰圖 Nightingale Rose Chart

DATA
DATA science
COMPARISON
chart
barchart zero

組成
Composition

- 圓餅圖 Pie Chart
- 雷達圖 Radar Chart
- 矩陣式樹狀圖 Treemap
- 熱流圖 Sankey Chart
- 人口金字塔 Population Pyramid

關係
Relationship

- 樹狀圖 Tree Diagram
- 文氏圖 Venn diagram
- 時間軸 Timeline
- 流程圖 Flow Chart
- 網路圖 Network Diagram

備註：地圖和時間線是兩個較為特殊的呈現形式，和上方的圖表都能再做有趣的結合，就沒有特別收錄在上方的整理中，大家有興趣可以在書中看到更多關於圖表的小知識。

2

如何做出好的資訊圖表

階段一

設定溝通目的、溝通對象及溝通主題

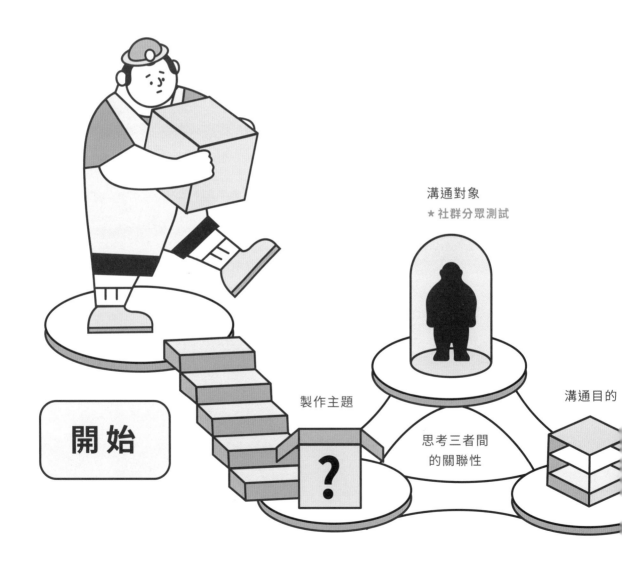

溝通對象
★社群分眾測試

製作主題

開始

思考三者間
的關聯性

溝通目的

設定製作主題、溝通目的、溝通對象

這三個步驟是環環相扣的，

沒有一定的優先順序，

且三者間常常互相影響。

你可能已經對製作主題有想法，

卻不知道會有興趣的觀眾是誰、在哪裡；

也可能有明確的溝通目的，

但是卻不知道什麼樣的主題能夠達成溝通的目的。

別擔心，

接下來就跟著我們一起學會找出溝通目的、

製作主題和溝通對象！

以虛擬蛀牙防治案件為例

案例學習目的

藉由困擾的牙醫，**學習**將目的爬梳分層

有一個牙醫，他最不喜歡的工作就是幫病人補蛀牙，但是偏偏他服務的社區有非常多蛀牙的病人，所以他每天都要花好多時間幫病人補蛀牙……。

有一天，他決定做點改變，「如果我做一張資訊圖表教大家正確的刷牙方法，是不是就能改善這個狀況了呢？」牙醫這樣想。但是他不確定這樣做有沒有用，於是他決定詢問幾個朋友的意見，沒想到得到了很不一樣的答案：

朋友Ａ：「其實我知道怎麼正確刷牙，但就是懶得刷牙……。」
朋友Ｂ：「原來正確刷牙方式是這樣啊！我以前都做錯了！」
朋友Ｃ：「雖然知道應該要刷牙，但是我的工作型態讓我很難做到……。」

看到這裡，你應該已經發現：如果想要達成「減少蛀牙患者」這個主要目的，那牙醫需要完成不同的子目的，像是「說明定時刷牙

的重要性」、「推廣正確刷牙方式」、「提供無法刷牙的替代清潔作法」等，根據這些子目的再往下想一步，這些不同的子溝通目的就能夠發展成不同的資訊圖表製作主題。

將溝通目的的層次區分清楚，適合製作的主題是不是就容易浮現出來了呢？在思考溝通目的的同時，適時地了解溝通對象的想法是不是很重要呢？（這部分的介紹請見p.82）

朋友 A（懶得刷牙）——→ 說明定時刷牙重要性

朋友 B（不正確刷牙）——→ 使其了解正確刷牙方式

朋友 C（工作形態難刷牙）——→ 替代的牙齒清潔方法傳授

ABC三位朋友的態度對應子目的

但是牙醫很忙，在有限的時間裡，他應該怎麼做呢？

START

溝通目的

1.

確立主要溝通項目，寫下次要目的

將最重要的溝通目的寫在最上方的圈圈裡，接著將想到的次要目的寫在下方的方格中，這時候除了站在溝通對象的角度設想之外，也可以像牙醫一樣問身邊的人喔！

溝通對象

2.

根據不同的次要溝通目的，
寫下溝通對象並列出重要的溝通順序

和朋友討論完以後，牙醫列出可能的溝通對象，接者把過去的蛀牙病例調出來看，發現大部分的病人都沒有定時刷牙的習慣，可見讓社區居民了解定時刷牙的重要才是當務之急。

思考三者間
的關聯性

3.

將設定好的溝通目的、
溝通對象及製作主題寫下

把主要的目的寫在中央，這次製作的目的、溝通對象及製作主題則分別寫在周邊三角，建議將此設定寫在時間規劃旁，在製作過程中時時提醒，才不至於偏離。

設定思考示範流程

牙醫案例示範　　　　　　換你來試試看

減少蛀牙病患

使其了解定時刷牙重要性

使其了解正確刷牙方式

提供無法刷牙的替代潔牙方法

不了解定時刷牙重要性的人　缺乏動力養成習慣的人

(有定時刷牙習慣)不知道如何正確刷牙的人

工作形態不定時　工作場所不便刷牙的人　用餐的人

(1)　(2)　(3)　( )　( )　( )

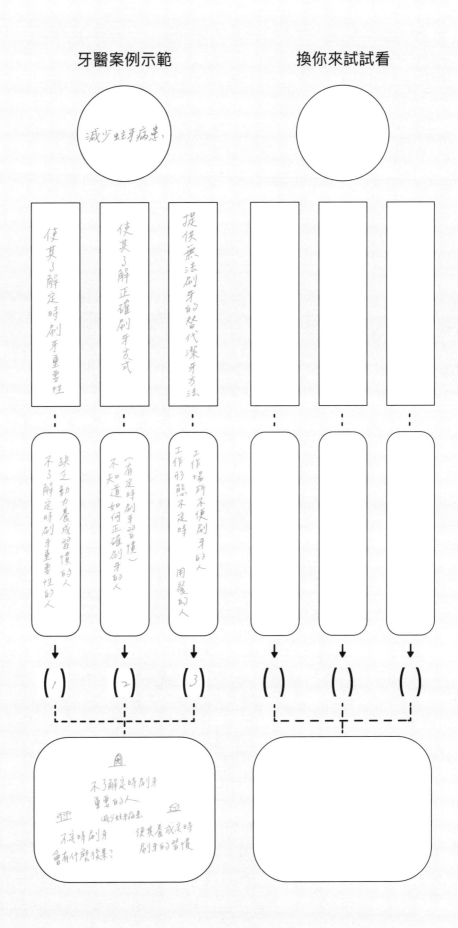

不了解定時刷牙
重要的人

減少蛀牙病患

不定時刷牙
會有什麼後果？

使其養成定時
刷牙的習慣

如何設定溝通對象

有時候我們不太確定如何設定更精準的潛在溝通對象，

此時可進行社群分眾測試，

這是 Re-lab 靈活運用 AB 測試原理變化出來的方法，

簡單又實用！

以環境資訊協會
減少一次性使用物品專案為例

案例學習目的

藉由擴大環保受眾的例子，**學習**社群分眾測試

前情提要

環境資訊協會（以下簡稱環資會）發現在海洋廢棄物中，「一次性使用物品」（塑膠袋、吸管等）的垃圾數量總是在前幾名，他們希望能降低「一次性使用物品」的垃圾產量。但是，通常這些較常使用「一次性使用物品」的群眾，相對比較不關心環保議題，所以是環資會較難接觸到的族群。因此希望建立一個宣傳活動，讓相關資訊能夠觸及到對環資會比較陌生的群眾。

溝通目的

希望推廣「一次性使用物品」造成海洋污染的相關資訊，進而減少塑膠袋、吸管、免洗餐具等等的使用量。

溝通對象

未知：環資會不太確定除了關心環保議題以外，還有哪些潛在的群眾會關心這議題，但希望能跳脫以往環保議題容易接觸到的同溫層。

溝通對象的假設與驗證

方法說明：我們根據假設，分出三種社群分眾，並用三種問卷確認成效。

1   假設溝通群眾：

我們跳脫一般對環保有興趣的族群想像，發想可能有興趣的族群。經過初步的測試和討論，決定用「生活質感」作為核心來連接「環保概念」與「一般大眾」。我們假設在意生活質感的人對於使用有質感的物品的實踐力更高，因此減少使用一次性物品（如塑膠袋、吸管等）的訴求更容易達成，且每次使用有質感的生活用品代替一次性物品，能夠及時產生正向回饋，讓使用者感受到質感生活帶來的美好；另一方面，也可以避免主打環保訴求造成溝通群眾的壓力。

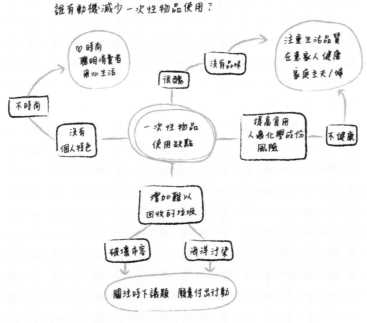

初步討論的發想過程圖

2　嘗試進一步描繪溝通群眾的樣貌：

較喜歡自己動手做料理、喜歡去咖啡店、對自己的生活主控性較高、有規律運動習慣等。在這個階段，大家的意見很容易很分歧，畢竟每個人對「質感生活」的想像都不一樣，不過沒關係，我們將每個人提出的想法列出並進行分類：

A 關注時尚品牌，並認同聰明消費與用心生活的人（20-40歲）

B 喜歡關注時下社會議題與政治運用，
甚至有所行動的年輕人（18-30歲）

C 注重品味及家人健康的年輕家庭主婦（25-40歲）

3　在社群上做快速測試，以得出結論：

分別為這三種群眾做出不同的設計文案與圖像，並且設計了一份問卷讓我們更了解測試群眾的想法（三種貼文文案及圖像設計請參考P.86-P.91），接著與環資會合作分別發出三篇貼文，並且透過不同的關鍵字下少量廣告預算，以觸及我們假設的族群。例如，族群一的關鍵字為時尚品牌名稱、相關時尚社群、Vivienne Westwood 等。

簡單分析貼文成效：觀察三篇貼文各別的觸及人數、讚數、分享數、留言數及問卷填答率和問卷的填答內容。當時測試花了三天，第三組共蒐集了五百份問卷，第一組蒐集了兩百份，第二組蒐集不到一百份。根據這樣的結果，我們便決定以第三個群組作為溝通對象群眾——重視美感及生活品味，對於消費有自己的想法且兼顧實用性的女性。（本案例後續發展請看下一單元）

族群**20-40**歲

**關注時尚品牌，
並認同聰明消費與用心生活的人**

"Buy less. Choose well. Make it last."

時尚教母的一句話點出生活本質，對於物品使用的選擇與態度展現了對時尚的詮釋。這個觀點也可以應用到其他生活品味，用質感好的餐具，比起每天使用廉價的免洗餐具來得更有態度。

在獲得美麗的生活之餘，同時也對環境付出一分關係，不正是一種甜蜜的負擔？於是，關於美好生活，我們與台灣環境資訊協會 Taiwan Environmental Information Association（TEIA）合作，想要發起一系列「減塑美學：質感生活每一天」提案，實踐生活品味，讓每一個時刻的生活都展現美感。如果你願意並贊同我們的理念，請幫助我們填寫問卷，釐清大家對這個計畫的想法、有多少人願意響應一起完成。

每一個意見，對我們都至關重要。

（附上問卷連結）

**Buy less.
Choose well.
Make it last.**

族群 **18-30** 歲

喜歡關注時下社會議題與政治運用，
甚至有所行動的年輕人

我們要完成促進減塑新生活的神聖事業！

生活的醜惡正猖獗蔓延，大量的一次性物品使用污染了市容，重回簡單的質感生活，是我們的訴求！少用一次性消費物品，好的物品經得起時間的考驗。生活回歸本質，樸實的城市與自然融為一體，生生不息，養育著一批批的熱血／有志青年。

我們要一起嚴正打擊破壞生活質感一次性物品的使用！

全世界人民團結起來，生活新質感需要從你我開始！團結的市民，才能為這個城市帶來正義曙光。英雄可以是任何一個人，只要你願意加入我們減塑新生活的行列，填起問卷，就可以幫助我們更加了解大家的想法，並繼續進行這個計畫。

（附上問卷連結）

今天的塑膠袋
是明天的敵人 | PLASTIC
BAG
MOVEMENT

族群 **25-40** 歲

注重品味及家人健康的
年輕家庭主婦

為什麼有人的用餐照可以美得像雜誌一樣而自己的卻像渣？
為什麼總是在羨慕別人 instagram 分享的生活美照而自己卻無法拍出一樣的照片？

生活中處處所見的一次性物品是生活質感的最大殺手。
我們推廣用心品味的生活，而不是狼吞虎嚥地過日子。

我們相信，持之以恆地注意生活小細節，在使用各種物品前多一層思考，質感生活其實並不遙遠。因此，我們與台灣環境資訊協會 Taiwan Environmental Information Association（TEIA）合作想要發起一個「減塑美學：簡單過質感生活」提案，讓大家只要比平常付出多一點點心力，就能過上質感大大提升的生活。

如果贊同並願意參加這樣的計畫，請幫我們填寫問卷，讓我們知道有多少人願意響應，也能幫助我們釐清大家的想法，繼續努力推進這個提案。

（附上問卷連結）

Q

一定要有明確的溝通對象嗎？

溝通對象不能是「一般大眾」嗎？

溝通對象到底要設定得多精準才好呢？

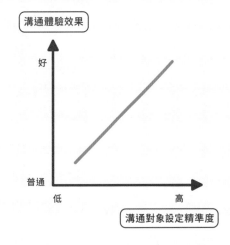

溝通體驗效果

好

普通

低　　　　　　　　高

溝通對象設定精準度

A

溝通對象越精準，越有助於確立溝通方法、需求和達成效果。「一般大眾」是我們詢問客戶溝通對象是誰時，最常得到的答案，這兩三年更流行的答案是「所有網路使用者」。其實這並沒有絕對的好壞，只是整體而言，溝通對象設定得愈精準，就愈能夠針對其需求和溝通偏好進行設計，在資訊的取捨上也能更貼近溝通對象的想法、更有效地引起興趣和共鳴。

換句話説，溝通對象的群眾設定愈準確，溝通對象的體驗和效果就愈好，但是相對地，製作及溝通成本也可能更高，因為表示你需要花更多的時間去了解溝通對象，並且針對不同的群眾進行設計上的調整。

設定好「溝通目的」、「溝通對象」、「溝通主題」了嗎？我們要進到下一個工作階段囉！

2 階段二

時間規劃

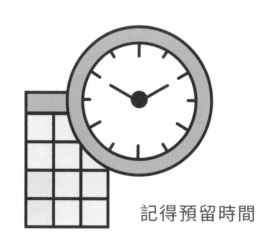

記得預留時間

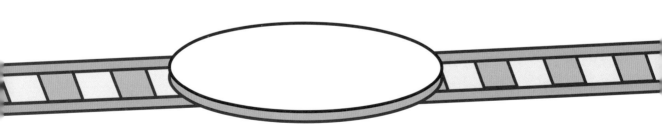

別小看這個步驟！

做好時間規劃才能將時間做最有效的運用，

並且作為每次檢討與下次製作時

評估時間的重要依據。

不論是團隊合作，

還是個人獨立工作，

泡泡時間規劃法都能讓你更快速

掌握時間資源的分配運用！

三個步驟讓時間規劃變得一目了然

以台灣水果年曆海報為例

前情提要

雖然台灣是水果王國，

但很多人對於吃水果卻有很多錯誤的迷思，

在一次和營養師共進早餐的過程中，

這個美好的計畫就展開了……

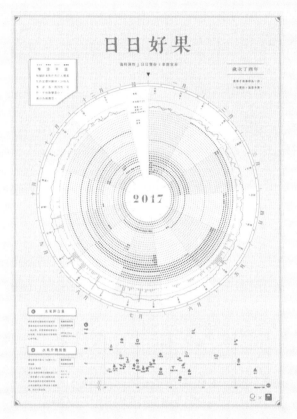

1 🕐 標上重要日期

包裝設計 因為本次作品形式為海報，因此需要在製作的前置規劃時同時思考包裝設計。

蒐集寄送資料 除了作為寄送給合作客戶的賀年禮之外，本作品也希望可以分享給其他有需要的朋友。

★補充 如果是與客戶合作的專案，可以標上需要與客戶確認的階段日期、若是社團組織的計畫，可以標上相關活動的重點日期、作品必須完成的日期等等。

2 ⃝ 調整泡泡大小

縮短研究資訊時間 因為本次製作展開前已找到可靠資料來源：農委會網站、Co-fit 專業營養諮詢合作夥伴資料庫，且有專業營養師協助進行資料確認。

拉長資訊結構設計時間 本次製作想挑戰將大量資料呈現於單張海報畫面中（過程中也需要程式工具協助將資料視覺化），因此預設較多資訊結構設計的嘗試時間。

拉長製作時間 水果年曆的製作大致分為兩階段，先將大量資料用程式視覺化作成預想的圖表形式，再匯入繪圖軟體中後製，所以預留了較多製作完稿的時間。

★**補充** 在調整時，你可以思考這些問題：

· 你對這次製作資料的了解掌握度高嗎？

  高－縮短資訊研究天數；低－拉長資訊研究天數

· 你對這次的溝通對象熟悉嗎？你清楚本次溝通內容與溝通對象生活的連結嗎？

  清楚－縮短資訊研究天數；不清楚－拉長資訊研究天數

· 你較擅長嚴謹的資訊架構規劃，還是設計創意發想？

  較擅長理性邏輯思考－縮短資訊研究整理及資訊架構設計時間，增加溝通對象研究及設計規劃製作時間；較擅長創意發想設計則相反

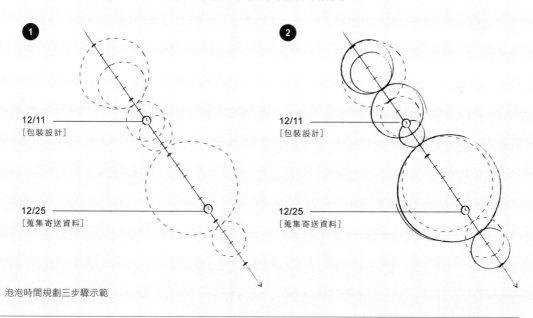

泡泡時間規劃三步驟示範

3 ✎ 標上其他任務圖示

與營養師確認資訊內容（12/6） 📋 與相關專業確認資料 🔺 溝通效果測試

進行測試並蒐集回饋（12/27） 🧍 與溝通對象進行訪談 ✅ 預計完稿日

海報完稿送印日期（12/30） ★當然你也可以設計自己的圖示喔！

以平面資訊圖表水果年曆製作

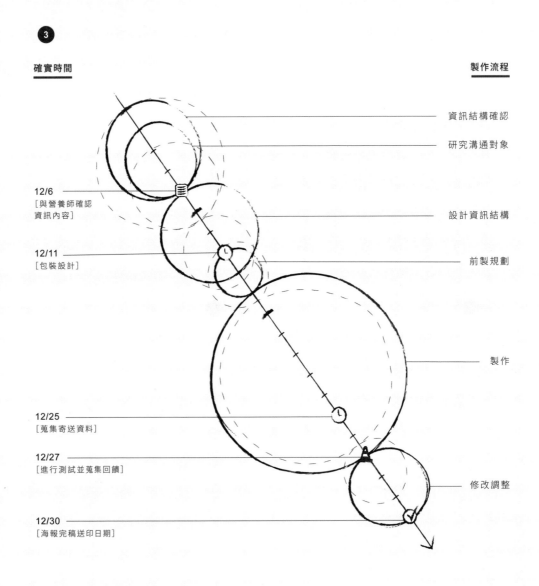

確實時間

製作流程

12/6 ——
［與營養師確認
資訊內容］

12/11 ——
［包裝設計］

12/25 ——
［蒐集寄送資料］

12/27 ——
［進行測試並蒐集回饋］

12/30 ——
［海報完稿送印日期］

資訊結構確認

研究溝通對象

設計資訊結構

前製規劃

製作

修改調整

你來試試看

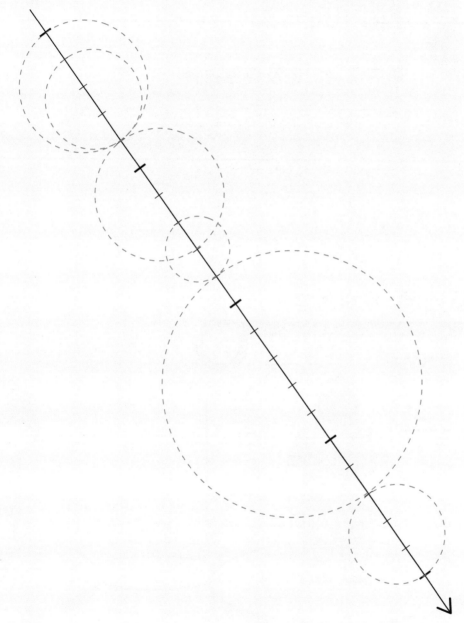

3 階段三

研究溝通對象及資訊內容

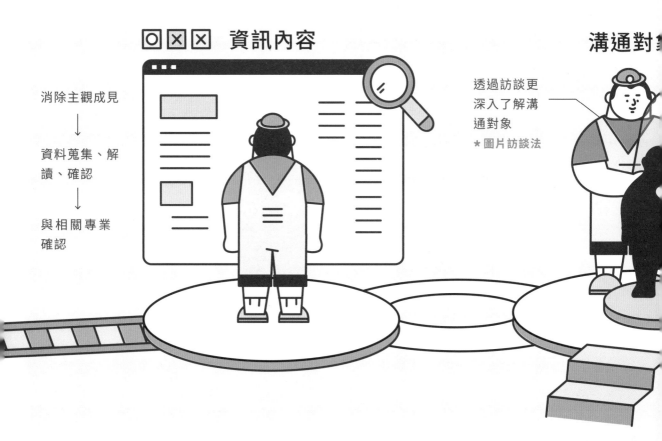

◯ ✕ ✕ 資訊內容

消除主觀成見
↓
資料蒐集、解讀、確認
↓
與相關專業確認

溝通對象

透過訪談更深入了解溝通對象
★圖片訪談法

以貼近實務為目標，

透過觀察、記錄真實使用者的需求、動機、行為，

並有系統的統整、

分類這些來自第一手觀察的資料，

歸納出能夠具體運用在改善產品或服務的洞見。

對資訊設計而言，

達到溝通效果是設計的最大目標，

透過使用者研究能夠讓製作者跳脫自己主觀的判斷，

更貼近溝通對象的需求、

思考方式和造成的影響。

繼續以環境資訊協會
減少一次性使用物品專案為例

案例學習目的
以圖片訪談法**深入了解**溝通對象

為了更進一步了解我們的溝通對象，我們盡可能從填答問卷的民眾中找了六位平均年齡為二十五歲的受訪者，訪問的大綱主要分成：基本資料、消費習慣、對生活品味的想法、對環保的認知四大類。

「對生活品味的想法」是這次訪談的重點，像這種比較抽象的問題，是說也說不清的，因此藉由圖片傳達，讓讀者能有具體情境或物件可以發揮、說明自己的想法。

我們準備了一個舒適的房間、一次面對一位受訪者，並預設了一些可能符合的生活情境或活動，挑選了約三十張照片，讓使用者在訪談過程中挑選、排序。我們提出的問題像是：「請選出六張你認為最符合質感生活的照片」、「為什麼你覺得這張照片符合你對質感生活的想像呢？」，另外也詢問使用者喜歡的品牌等問題。藉此我們得以更具體地確認受訪者對「生活質感」的想像，也能更深入探討使用者的價值觀。

這次訪談的一開始，每個受訪者對照片的選擇都很不一樣，但進一步歸納，我們發現三個收穫：

1 受訪者每每在描述質感生活時，都環繞著「時間」這元素（儘管他們從來沒有自己說出「時間」這個詞），他們樂於享受每一個美好的當下，而不是追求外在的效果和刺激，在發現這個有趣的共通點後，我們又更進一步跟受訪者確認，結果他們一致認同：「質感生活的關鍵就在於『時間』有沒有被妥善地運用在自己認為有價值的人、事、物上。」

2 自然的環境和元素總是讓他們嚮往，覺得舒服而沒有壓力，不自覺地想親近。

3 怕麻煩別人，許多時候想要拒絕店員給的吸管、塑膠袋，甚至想用自己的飲料杯，但卻擔心影響下一位客人，或是造成店員的不便，罪惡感隱隱在心口，「不」卻說不出口。

深入了解受訪者的想法很重要，因為這對於之後發展溝通策略將

會非常有幫助，我們能夠用更容易引起溝通對象共鳴的方式，達成「減少一次性使用物品的用量」的訴求，同時降低教條式宣導造成的壓力。

本次合作第一階段的任務是製作一支九十秒以上的影片，環資會很希望影片能夠達到五百次分享，透過訪談獲得的收穫，我們提出了三個建議：

1 將影片拆解成三支三十秒的影片，每一支影片點到一個重點即可，不要貪心。

2 動物有趣又好記，因此用動物的特徵，結合一次性使用物品的功能做示範，並且針對上述結論第3點，讓使用者習慣拒絕店員提供的一次性產品。

3 用熟悉的生活情境巧妙地融入在影片裡，影片節奏不用快，慢慢地，跟著蝴蝶、螃蟹、袋鼠等自然元素（上述結論第2點）的步調過生活，暗示觀眾你也可以這樣做。

後續發展

第一支影片（蝴蝶吸管篇）在粉絲專頁「環境共和國」上線不到二十四小時，就在沒有下廣告的前提下破了千次分享數，當時合作的窗口開心地跟我們說：「我覺得像作夢一樣！」讓我們也很高興！後來環資會想要了解這系列影片是否能夠真的吸引當初設定的溝通對象，因此我們嘗試對前面設定的溝通對象下了一點廣告做測試，結果發現反應也非常好，每個平均點擊費用為0.002美金，相信如果後續有搭配活動或其他宣傳策略，還能夠再創下更好的佳績！

系列影片

跟著動物一起説不：蝴蝶篇

跟著動物一起説不：袋鼠篇

跟著動物一起説不：螃蟹篇

如何研究資訊內容

要在毫無頭緒的資料中找出值得一提的「故事」，

就要先找出資料之間的隱藏關係。

如果想要培養這種洞察力，

就要從每一次的實作中累積 —— 弄清資料的性質，

選擇最適合的處理方式。

以下以三個資料型態不同的例子來說明。

分析原始量化數據
以台灣各縣市薪資所得觀察為例

案例學習目的

一般取得的數據資料，會經過的基本處理

一份資料可能隱含了各種可能性，但我們只需要把握幾個大原則，就可以從資料中找到其中的特點，接下來我們就用大家都容易取得、也跟大家息息相關的資料：「薪資所得」，來說明一下該怎麼觀察資料。

假設我們今天想了解台灣各城市的薪資所得狀況，首先我們可以從政府開放資料平台上取得2012年所得稅的資料，並從中擷取薪資所得的數據來使用！擷取部份資料整理如下表：

算一算，總共有二十二個縣市，不過，為了避免一開始太嚇人，我們先取薪資所得前五名的縣市出來解說好了。

把資料貼到Excel裡面，我們就可以開使用圖表工具來畫圖了！

縣市別	納稅單位	營利所得	執行業務所得	薪資所得	利息所得		其他所得	稿費所得
台北市	855978	2124152	2342740	54755889	1059584	...	1974861	54118
高雄市	683971	638389	851232	16321660	240179		393989	5152
台中市	682256	665605	840398	14898259	261261		282914	7082
基隆市	104683	52995	45952	2073975	15635		40836	779
⋮	⋮	⋮	⋮	⋮	⋮		⋮	⋮
金門縣	29423	18243	13618	683705	29423		9806	143
連江縣	3276	2233	796	95851	3276		550	0

原始薪資所得資料

排排站 —— 總量的比較

將薪資所得的前五名取出來後,我們很快發現,台北市的薪資所得遙遙領先,新北次之,而高雄、台中則表現差不多。這代表什麼呢?台北第一、新北第二嗎?還有哪些資料值得我們繼續發掘?

站在一樣的起跑點 —— 一致的比較基準

反應快的讀者可能會發現,資料中每個縣市人口數是不一樣的,人口越多,收入總合就越多,因此直接比較是不公平的。所以,接下來我們必須要「標準化」這些數據:將各縣市薪資所得,除以各縣市的納稅單位(納稅人數),即可以得出平均所得。(平均所得 = 薪資所得 ÷ 納稅單位)

根據平均所得的數據,將會發現台北市還是遙遙領先,此時我們已經可以信心滿滿地宣布:台北市是這五個縣市平均薪資所得最高的城市。另外,從這張圖也可以看出,在總量部份,原本第二名的新北市領先第三名的高雄市幾乎快要一倍,但平均下來看之後,新北市其實和其他縣市的所得水準也是差不多,可見他就是屬於因為人口多,而把總量衝高的類型。

所以,看完上面的例子,請記得「一致的比較基準」很重要,因為這樣的比較才是真的有意義。不過你或許會問:這份資料這樣就用完了嗎?怎麼可能!只要仔細觀察,從資料中是可以看出很多故事的!

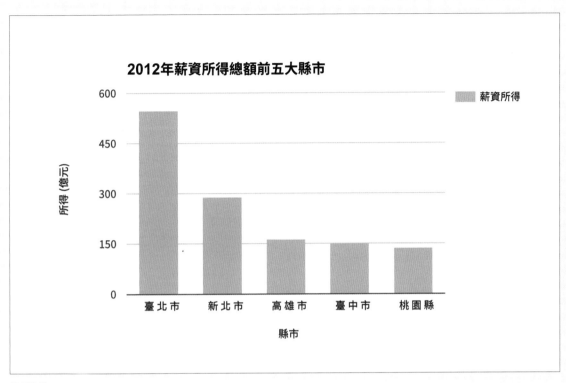

總量比較

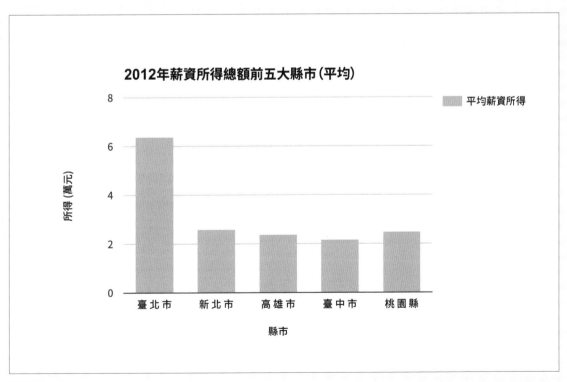

平均所得比較

以中央伍為準：平均值

如果我們想了解台北市到底多會賺錢，要怎麼知道？

這時就要帶入平均的概念了，把全部的縣市的數字都加起來，再除以縣市個數，就能得到全國的平均值，如此一來就能比較每個縣市總收入距離總平均的距離。

從這張圖，我們看出全台灣只有六個縣市的所得高於平均（24,156元），顯示出所得集中在某些地區。（而且大家有沒有發現，平均所得的前五名和剛剛的所得總額前五名是不一樣的！）

第一排和最後一排的差距：觀察離散程度

再讓我們觀察一下，台北市平均所得最高（63,968元），雲林縣則最低（13,575元），1個台北人的收入接近5個雲林人的收入，哇！是不是滿驚人的。

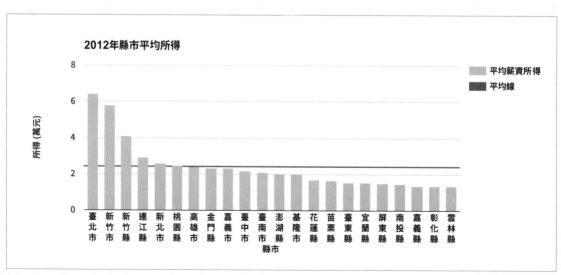

平均所得與平均線

另外，我們也可以計算出全距是50,393元，而全台灣的平均所得，根據剛剛算出來的結果，是24,156元，全距超過兩個平均值，看來，城鄉的所得差距真的不小呢。

A班 VS. B班：跨群體的比較

如果我們想要表達，台灣縣市的所得差距很大，標準是什麼？是不是要走出台灣，跟其他國家比較看看？但是，不同國家，收入水準也不同吧……。

沒關係，套用前面學到的，站在同一個起跑點上，我們只要把每個值和平均值的差距除以平均值的大小，就能用百分比的方式來觀察這些差距了！不然，我們借用日本的資料來比較看看好了：

日本內政部統計人民經濟狀況數據 www.esri.cao.go.jp/index.html

因為日本的縣市數量達到四十七縣，我們就不一一把名稱列出了，不過大家應該都猜得到，遙遙領先、獲得第一名是東京都：從左邊縱軸的單位，就可以了解大概：日本收入最多的東京都，其實也只比平均多出60%，但台北市的收入，可是比平均多出了約160%；從所得差距的中心點來看，日本也比較接近圖形的中央，可以看出日本各縣市收入差距變化不如台灣來的大。當然，這只是兩個地區的比較，如果我們去探索更多地區，有機會找到更多有趣的發現。

另外說明一下，在這次的案例中，我們用來將資料標準化的是比較直覺的方法，不過在統計上，其實要使用標準差和變異係數的概念來比較，才是較為嚴謹的詮釋方法。

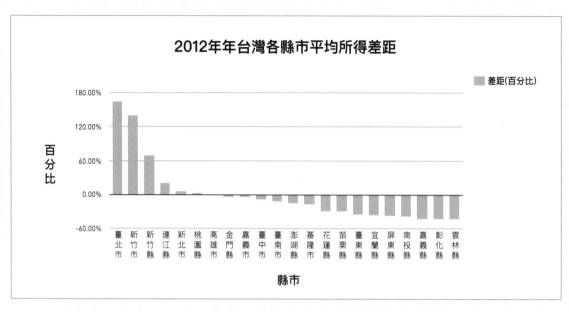

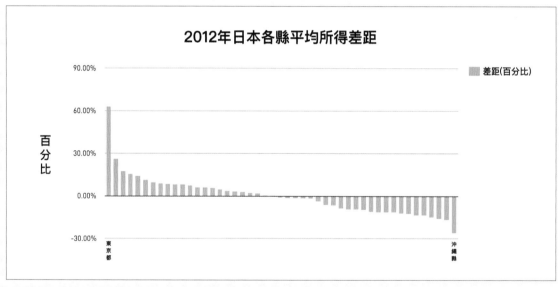

台日平均所得比較

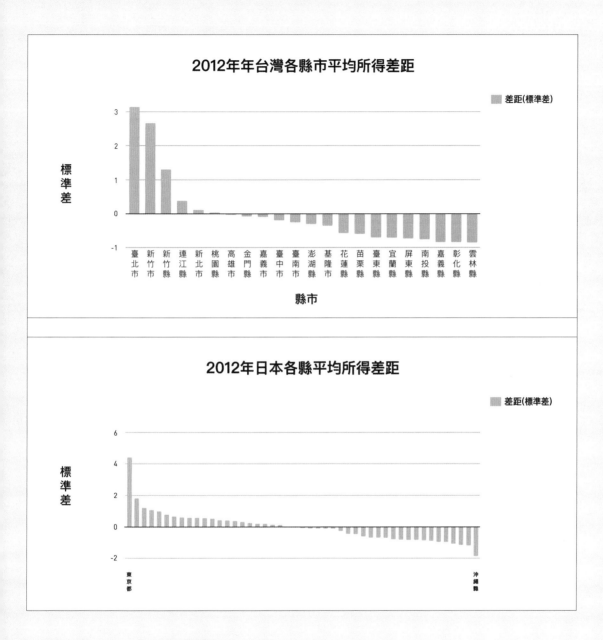

2012年年台灣各縣市平均所得差距

標準差

差距(標準差)

縣市

臺北市 新竹市 新竹縣 連江縣 新北市 桃園縣 高雄市 金門縣 嘉義市 臺中市 臺南市 澎湖縣 基隆市 花蓮縣 苗栗縣 臺東縣 宜蘭縣 屏東縣 南投縣 嘉義縣 彰化縣 雲林縣

2012年日本各縣平均所得差距

標準差

差距(標準差)

東京都

沖繩縣

小教室

什麼是變異係數？

變異係數是一種相對差異量數，用以比較不同單位的資料分散情形。

變異係數＝標準差／平均數 ×100%

台灣平均所得的變異係數是56.01% 日本平均所得的變異係數 14.19%。

這樣也可以清楚的看出，台灣跟日本的縣市收入離散程度的差距。

同場加映
時間趨勢

我們另外也蒐集了一份有趣的資料，是 103 年度台北市的所得稅線上申報日期統計，我們可以簡單地看出大家都在什麼時候利用網路報稅：

從中可以看出一個規律：週末比較少人申報所得稅，整體趨勢是隨著時間推近，就愈多人報稅，尤其最後一週更是增量驚人！看完這張圖，你就會知道想避開網路塞車的話，最好在什麼時段申報所得稅了吧！

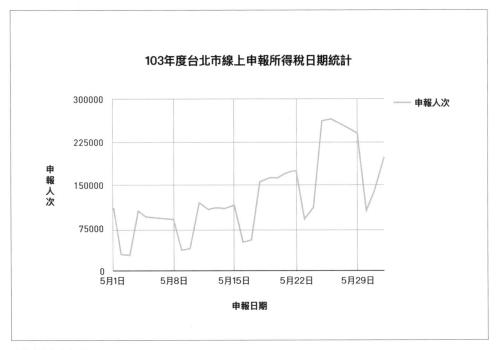

臺北市線上申報圖

分析解讀過的量化資料
以十大癌症時鐘報告書為例
案例學習目的
專業分析資料**經常需要**專家的協助解讀

前情提要

每年四月國民健康署（以下簡稱國健署）都會釋出「台灣十大癌症報告書」，各大媒體都會在報告書發佈的前一週去國健署取得報告資料，並同步與國健署發布新聞。一般媒體需要迅速地發佈新聞，因此資料處理的時間很緊迫，報告呈現往往以文字為主，就算製成圖表也只能簡單地將單一的數據視覺化，如十大癌症排行榜。因此，我們希望能將更完整的報告數據視覺化，並且讓更多熟悉網路社群的年輕人也接觸到這個重要的訊息。

為了爭取更多時間製作圖表，我們也提早跟國健署要到資料，希望能在正式發佈日期後盡快推出「台灣十大癌症報告書」資訊圖表，讓大家看到不同以往的呈現方式。

溝通目的

更全面地呈現數據，並加入不同面向的比較，讓讀者可以從數據當中檢討反思數據背後的原因，而不僅止於揭露單一數據。

製作主題

將每年國民健康署釋出的癌症報告書視覺化。

溝通對象

關注醫療健康議題、喜歡思考與討論的線上年輕族群；

常發佈醫療相關訊息的部落客及相關工作者。

揭露資歷重點比較表		
	國健署新聞稿	其他媒體資訊圖表	Re-lab資訊圖表
相同的資訊內容	·台灣癌症時鐘速度排名 ·台灣十大癌症排名（依癌患人數）		
不同的資訊內容	·說明平時篩檢的重要性 ·呼籲民眾養成良好的生活習慣	·台灣十大癌症標準化發生率排名 （少數媒體使用）	·台灣十大癌症標準化發生率排名 ·東南亞各國前三大癌症發生率 ·台灣重要癌症發生率長期趨勢 （過去17年的年齡標準化發生率變化）

資訊來源內容比較圖

1　安排初步的資料架構

主要資料：十大癌症報告書（資料來源：國健署）

按照癌症發生人數排名，使用癌症時鐘強調急迫性，再加上癌症別死亡人數。

次要資料：東南亞各國前三大癌症發生率（資料來源：世界衛生組織 GLOBOCAN2012 資料庫）

透過先了解自己國家的癌症排名概況，再與周遭國家比較，希望能讓國人換個角度思考報告數據背後的含義。

2　篩選資料

用哪些數據和指標最能夠反映台灣罹癌的現況及趨勢？國健署提供的新聞稿中，著重在全台總罹癌人數的前十大癌症排名，沒有提及全台年齡標準化發生率的十大癌症排名，以及近幾年的變化趨勢，但是我們發現，其他國家除了各大癌症的罹癌人數排名之外，也會關注這些指標，因此詢問了一些醫師的意見後，決定折衷處理：在全台罹癌的癌症排名用總罹癌人數、與東南亞其他國家比較和近幾年趨勢變化則用年齡標準化發生率。

3　視覺化製作

考量到有不同面向的數據需要呈現，我們選擇拼板型的版面，並以圖像化的方式強調癌症的部位，讓人在比較時一目瞭然且更容易記憶。和顧問醫生討論後，我們認為其他數據以圖表精準呈現最適合，保留讓讀者自行判斷的空間。

資料蒐集和處理很困難嗎？

我們來聽聽看負責處理本專案的涵文怎麼說：

Re-lab　那時候整個專案製作有在規劃時間內完成嗎？

涵文　整個專案大概是在一個星期內結束的，我想是日報記者的遺毒。

Re-lab　你覺得整個專案最困難的地方是什麼呢？

涵文　我認為最困難的地方分成兩個部分：有資料處理跟設計上面不同的困難。

資料處理的難處在於要能夠理解每個資料的意義，醫學上的統計有很多不同的種類且非常複雜，像是癌症報告篩檢有不同的指標如標準發生率等，剛好這次遇到國健署調整報告說明的方式（以往用標準化發生率，這次以罹癌總數排名），所以我覺得最難的是「正確的理解資料」這件事，像這種過於專業的資料解讀，建議一定要尋找專家來驗證資料的正確性。

而設計上當時花最多時間討論的部分是「癌症時鐘」要怎麼設計才能清楚地傳達「癌症罹患的速度愈來愈快」，後來我們選擇用顏色深淺而不是時間長度來表達時間的急迫性（擔心時鐘的數字大小難以視覺化呈現其急迫性）。

Re-lab　資訊層級是如何安排的？

涵文　我們認為排名、時間是最新的資訊應優先呈現，其他資訊像是其他國家比較、癌症趨勢等都算是輔助資訊，這兩者之間一定是先需要知道台灣自己的現況，再去了解其他的面向。

Re-lab　如果有更充裕的時間，在處理資料上你還想要多做什麼呢？

涵文　我會想要做五年內癌症發生率的比較，還有癌症罹患排名上升下降的深入分析，理解背後的原因我覺得也是非常重要的。

草圖設計請參考下頁，這種排版形式很適合建立模板，用於定期揭露且數據項目變動不大的的報告書、成果發表書等，節省定期的製作成本，也可以重新排列組合成不同的版面大小，靈活運用在不同的資訊傳達管道哦！

當時部分參考資料：

截自國健署公佈之2012年癌症登記報告簡報

2011-2012年新發生癌症總表

項　目	西元年	男	女	合計	與前一年增減數
發生數(人)	2011年	51,965	40,717	92,682	2,033
	2012年	53,553	43,141	96,694	4,012 ↑
年齡中位數(歲)	2011年	64	60	62	0
	2012年	64	60	62	0
粗發生率(每10萬人口)	2011年	446.2	351.6	399.1	7.7
	2012年	458.8	370.6	414.7	15.6 ↑
年齡標準化發生率(每10萬人口)	2011年	339.4	255	295.1	-1.6
	2012年	341.4	263.3	300.0	4.9 ↑
性別比(年齡標準化率)	2011年	1.3	1		
	2012年	1.3	1		

註: 1. 台灣癌症登記資料庫(不含原位癌)
2. 年齡標準化率係使用2000年世界標準人口為基準

5

2012年國人十大癌症發生人數，與2011年比較

發生序位	死亡序位	原發部位	2012年					2011年				2012年發生人數增減值	2012年發生率增減值
			癌症時鐘(每幾分鐘發生一例)	個案數	標準化發生率	年齡中位數	標準化死亡率	個案數	標準化發生率	年齡中位數	標準化死亡率		
1	3	大腸	35.1	14965	45.1	66	14.9	14,087	43.8	66	15	878 (+201)	1.3
2	1	肺、支氣管及氣管	45.0	11692	35.0	69	25.4	11,059	34	70	26	633	1.0
3	2	肝及肝內膽管	46.0	11422	35.0	65	24.7	11,292	35.8	65	25.3	130	-0.8 ↓
4	6	女性乳房	49.9	10,525	65.9	53	11.6	10,056	64.3	53	11.6	469 (+346)	1.6
5	4	口腔、口咽及下咽	74.6	7,047	22.3	54	8.1	6,890	22.2	53	7.9	157 (-196)	0.1
6	9	攝護腺	111.0	4,735	29.7	74	6.7	4,628	29.7	74	6.4	107	0
7	5	胃	138.5	3,796	11.1	70	6.9	3,824	11.6	70	6.8	-28	-0.5 ↓
8	20	皮膚	160.5	3,274	9.7	73	0.6	2,985	9	74	0.7	289	0.7
9	23	甲狀腺	181.6	2,895	9.9	48	0.5	2,582	8.9	48	0.4	313	1.0
10	8	食道	221.6	2,372	7.3	57	4.9	2,199	6.9	57	4.7	173	0.4
		全癌症	5.4	96,694	300	62	131.3	92,682	295.1	62	132.2	4,013 ↑	4.9

註: 1. 發生及死亡序位係以2012年之癌症發生人數及癌症死亡人數由高至低排序。
2. 2012年與2011年癌症發生人數增減情形: 2012年發生人數-2011年發生人數。
3. 發生時鐘係指每幾分鐘約發生1位個案。
4. 發生率資料來源: 癌症登記資料(不含原位癌); 死亡率資料來源: 統計處死因統計; 標準化率係以西元2000年世界標準人口為標準人口計算(單位為每10萬人口)。

7

草圖示意圖

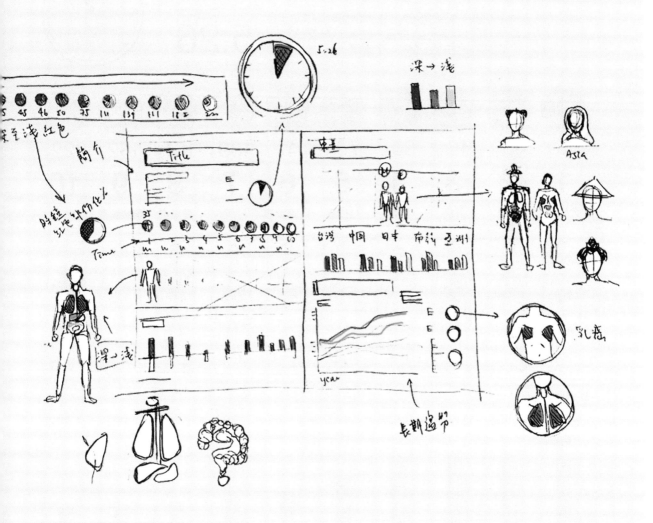

2012 台灣十大癌症報告書

▌台灣十大癌症

國民健康署最新2012癌症報告出爐，癌症時鐘再度撥快，每5分26秒就有一人罹癌，比2011年又快了14秒，十年來已經快轉1.6倍，速度驚人。

2012
台灣癌症時鐘
_____
5:26

癌症時鐘:每幾分鐘發生一例

35分	45分	46分	50分	75分	111分	139分	161分	182分	222分
1	**2**	**3**	**4**	**5**	**6**	**7**	**8**	**9**	**10**
大腸癌	肺癌	肝癌	乳癌	口腔癌	攝護腺癌	胃癌	皮膚癌	甲狀腺癌	食道癌

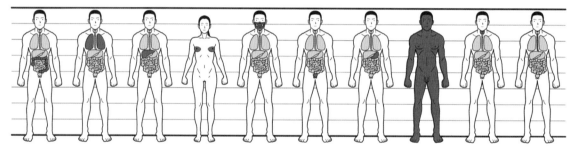

癌症發生人數 （人）

14,965	11,692	11,422	10,525	7,047	4,735	3,796	3,274	2,895	2,372

5,265	8,854	8,217	1,962	2,694	1,207	2,241	274	158	1,660

癌症死亡人數 （人）

東亞各國前三大癌症發生率

▼ 年齡標準化發生率係以西元2000年世界標準人口為標準人口計算

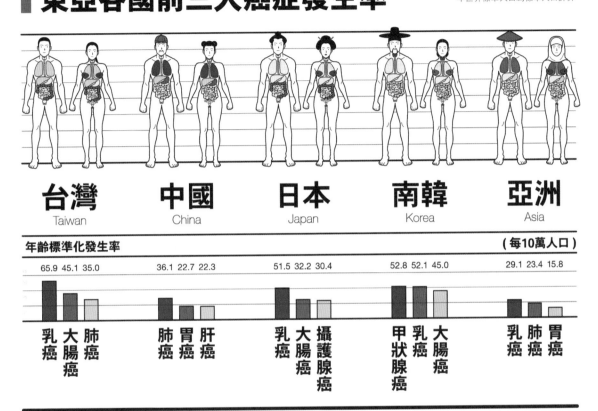

	台灣 Taiwan	中國 China	日本 Japan	南韓 Korea	亞洲 Asia

年齡標準化發生率 　　　　　　　　　　　　　　　　　　　　　（每10萬人口）

65.9	45.1	35.0	36.1	22.7	22.3	51.5	32.2	30.4	52.8	52.1	45.0	29.1	23.4	15.8
乳癌	大腸癌	肺癌	肺癌	胃癌	肝癌	乳癌	大腸癌	攝護腺癌	甲狀腺癌	乳癌	大腸癌	乳癌	肺癌	胃癌

台灣重要癌症發生率長期趨勢

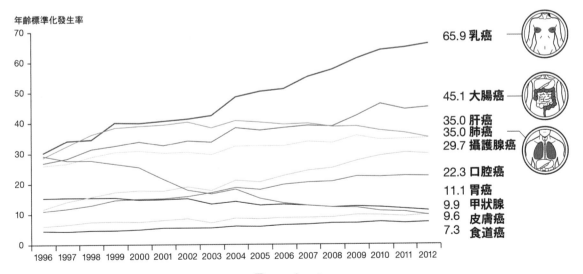

年齡標準化發生率

65.9	乳癌
45.1	大腸癌
35.0	肝癌
35.0	肺癌
29.7	攝護腺癌
22.3	口腔癌
11.1	胃癌
9.9	甲狀腺
9.6	皮膚癌
7.3	食道癌

1996 1997 1998 1999 2000 2001 2002 2003 2004 2005 2006 2007 2008 2009 2010 2011 2012

- Re-lab -

資料來源／國民健康署、GLOBOCAN 2012　製表／Re-lab

▌統計評量指標

國健署公布的十大癌症係依癌症發生人數排序，如果依據不同的指標名次亦會有所變動，就讓我們一起來看看吧！

癌症發生人數 （人）

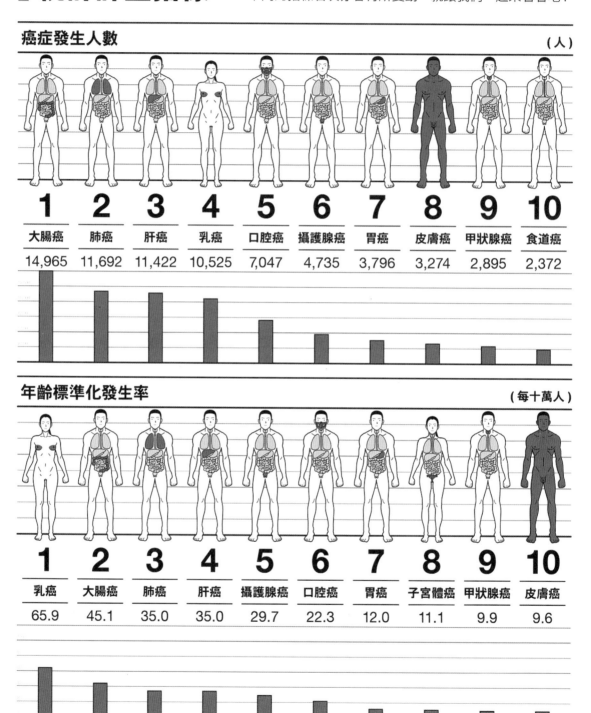

	1	2	3	4	5	6	7	8	9	10
	大腸癌	肺癌	肝癌	乳癌	口腔癌	攝護腺癌	胃癌	皮膚癌	甲狀腺癌	食道癌
	14,965	11,692	11,422	10,525	7,047	4,735	3,796	3,274	2,895	2,372

年齡標準化發生率 （每十萬人）

	1	2	3	4	5	6	7	8	9	10
	乳癌	大腸癌	肺癌	肝癌	攝護腺癌	口腔癌	胃癌	子宮體癌	甲狀腺癌	皮膚癌
	65.9	45.1	35.0	35.0	29.7	22.3	12.0	11.1	9.9	9.6

作品上線後，我們得到了一些反饋，以下就是其中一位疾病管制署的鄭醫師的回饋：

「不同的指標有其不同的意義，端看製作指標的人想要傳達的是什麼訊息……例如發生率是相對來說比較客觀的指標，因為比較不會受到性別的影響（例如男生不會有子宮頸癌，女生不會有攝護腺癌，因此算發生率的時候這兩個癌症排名都會往前）。而發生人數是總量的概念，可以讓大家有個概念，到底總共造成了多少疾病負擔。

綜上所述，兩種傳達的是不一樣的訊息，例如發生率高的癌症表示如果優先對它作防治，效果可能會比針對發生率低的癌症作預防好；但發生數多的癌症，則是我們最能夠努力地減少罹患者的對象，減少一個是一個，例如應該想辦法預防得病的潛在大腸癌患者數量，就比潛在乳癌患者還要多。

國健署此次的爭議不在於使用哪個指標，而在於：

1. 更改使用的指標時沒有清楚說明，容易造成大眾誤會。
2. 更改使用的指標時未作嚴格的校對，所以給出錯誤的數據。」

作品做完以後不代表結束喔！還要認真聽取建議，並即時調整，這樣才能一次比一次更好！

分析質性資料
以茶的兩種發音 te/chya 為例

案例學習目的
專業分析資料經常需要專家的協助解讀

維基百科上有很多有趣的條目值得參考，其中有個關於「茶」的條目，將不同語言中茶的發音歸納到兩個系統「ㄑㄧㄚ/chya」和「ㄊㄝ/tê」（當然另外還有及少數的其他發音），這樣的資料就是一種質性的分類資料。

接下來，大家一定很好奇，為什麼會這樣，只分成這兩種嗎？仔細想一下，說這些語言的人們是怎麼接觸到茶的的呢？

ㄑㄧㄚ / chya			
泰語	ชา chaa	保加利亞語	чай chai
他加祿語	tsaa	羅馬尼亞語	ceai
藏語	ཇ ja	塞爾維亞語	чај/čaj
尼泊爾語	चिया ciyā	克羅埃西亞語	čaj
印地語	चाय cāe	阿爾巴尼亞語	çaj
烏爾都語	چای cāe	捷克語	čaj
孟加拉語	চা cā	斯洛伐克語	čaj
波斯語	چای chāy	烏克蘭語	чай chai
土耳其語	çay	俄語	чай chai
阿拉伯語	شاي shāy	葡萄牙語	chá
斯瓦希里語	chai	希臘語	τσάι tsai

「ㄊㄝ / tê」			
荷蘭語	thee	芬蘭語	tee
英語	tea	愛沙尼亞語	tee
德語	Tee	拉脫維亞語	
匈牙利語	tea	冰島語	te
意第緒語		拉丁語	thea
希伯來語	te תה	波蘭語	herbata
法語	thé	立陶宛語	arbata
西班牙語	té	亞美尼亞語	թեյ t'ey
義大利語	tè	印度尼西亞語	teh
丹麥語	te	馬來語	teh
挪威語	te	泰米爾語	தேநீர் tēnīr
瑞典語	te	僧伽羅語	තේ tē

我們把資料視覺化：把使用這兩種發音的國家分別用紅、綠兩色標在地圖上，是不是更一目瞭然了？

我們發現說chya的人們，大部分都是跟中國鄰近的國家，所以，chya有很大的可能是透過陸路傳出去的；那說te的人們呢？大部分都是現在的歐盟國家。這些歐洲國家，一直到地理大發現後才接觸到中國，所以接觸到茶應該是從中國沿海的方言習得的，之後隨著海路與殖民，漸漸把te發揚出去。這個想法也在《The True History of Tea》這本書中獲得確證，所以不是純粹「看圖說故事」。

另外，透過簡單的觀察，我們也發現茶的發音也分山線跟海線，非常有趣。

不過不知道大家有沒有發現一個有趣的小細節，葡萄牙發cha但在其隔壁的西班牙則發te，這又是為什麼呢？有學者的研究指出，葡萄牙的發音是從粵語來的，因為殖民澳門的關係，而習得了cha這個字，也難怪跟其他的歐系國家發音都不太同！

小教室

你可以使用Excel、統計軟體或是專門協助資料視覺化的線上軟體，如Tableau（資料視覺化圖表推薦分析工具，適合初學者）、Gephi（適合用於各種網絡關係的可視化呈現）、D3.js（能夠製作資料視覺化互動式網頁的工具，操作時需要程式基礎）、Mapbox（可以做出和資料結合的互動式地圖）。

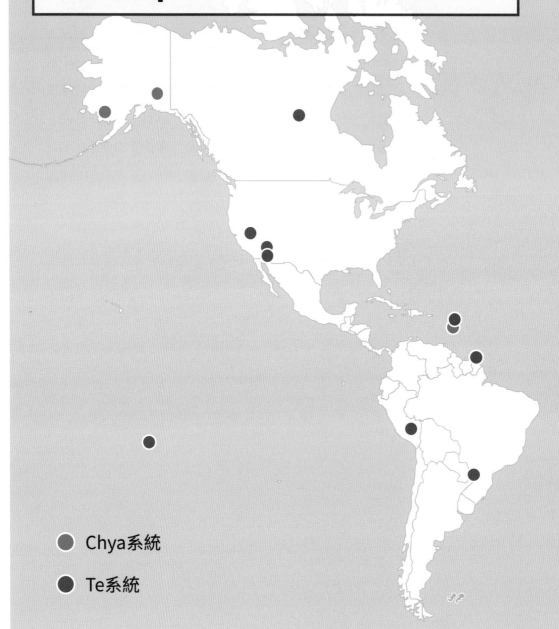

茶 的 發 音 地 圖
The Map Of The Word "Tea"

Chya系統

Te系統

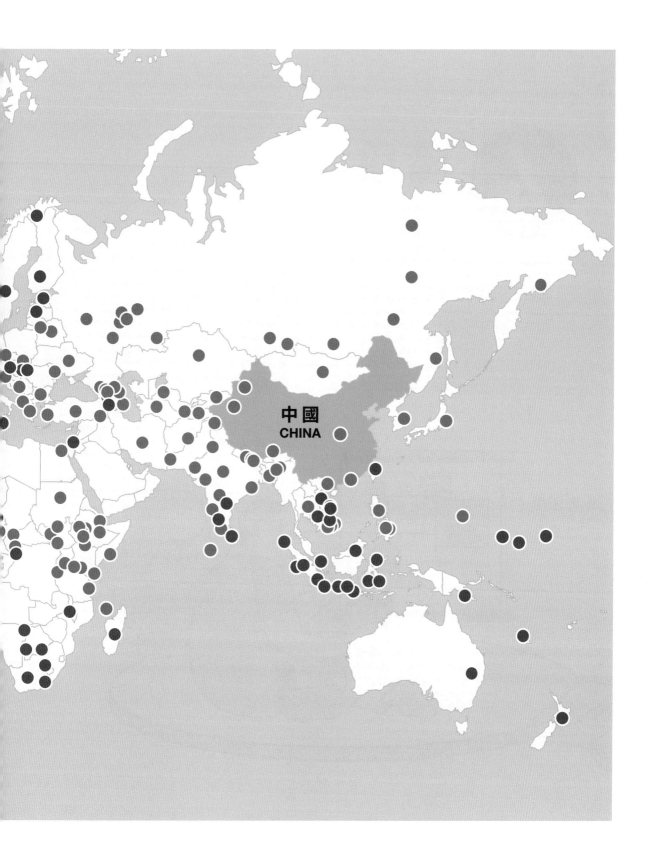

階段四

設計資訊結構

圖表選用

資訊結構設計

一句話說出資訊圖表的重點

研究完資訊內容、

也決定了要放哪些資訊在資訊圖表中以後，

這個階段我們要按照溝通的重要順序

來將資訊內容分層。

這個環節做得好，

後面進行設計規劃才會更輕鬆，

愈重要的資訊通常佔資訊圖表的版面愈大，

也是圖像化和整體概念包裝的重點。

流程圖的資訊處理
中區國稅局報稅指南為例

案例學習目的

練習整理資訊的結構，在設計規劃之前確認資訊圖表的骨架

合作對象

財政部中區國稅局

前情提要

每到報稅的最後幾天，各區國稅局總是大排長龍，號碼牌抽到好幾百號都不意外，其實國稅局有提供各種不同的報稅方式，但許多民眾認為報稅流程繁瑣複雜，沒有意願去了解，因此希望能透過資訊設計改善這問題。今年由中區國稅局承辦全國報稅宣導，因為曾經看過我們過去的作品「首報族報稅指南」平面資訊圖（如下頁），覺得相當清楚且吸引目光，所以找上我們，希望與我們合作。這一次他們希望能做報稅指南進階版，我們建議做成互動網頁的形式，一來是行動網路用戶不斷增加，流程圖不適合在小螢幕上閱讀，另一方面互動形式能夠讓使用者的體驗個人化，依照每個人的狀況不同，只提供必要的流程資訊，以提高使用者的報稅效率。

溝通目的

協助民眾找到最適合自己的報稅方式，減少不必要的麻煩，也減輕國稅局的工作負擔。

製作主題

製作報稅互動流程圖，讓民眾從互動過程中找到最適合自己的報稅方式。

溝通對象

以首報族為主，年齡層約二十三至二十八歲的社會新鮮人。

專案製作流程

目的、溝通對象、主題確認、蒐集資料（由國稅局提供及網路蒐集）、確認資料（向國稅局專員確認）、組織及架構介面設計（包含文案設計）、精稿設計、程式製作完成。

組織及架構資

拿到國稅局提供給我們的資料以及上網搜尋資料後，我們將資料彙整，並與國稅局確認資料內容的正確性，接著開始組織及架構資料。

START

**先算算看，你整年收入
總額有沒有超過兩項加總？**

免稅額
85,000

+

標準扣除額
79,000 / 158,000
單身 　　 夫妻合併

NO

YES

恭喜你!!
今年不需申報啦!

掰掰

**你有自然人憑證
+讀卡機嗎？**

通常首報族得在
2/15～3/15期間
申請稅額試算服務，
不過多數首報族意識到
自己今年該開始繳稅時，
都為時已晚…

Q 自然人憑證
該如何辦？

帶身分證、250元
到各地戶政事務所
（不限戶籍地）

自然人憑證　內政部憑證管理中心所簽發，
　如同網路身分證，未來申請網
路業務都不用再跑政府機關。

P

TAX TIME 2015
報稅指南

資料來源：財政部稅務入口、財政部臺北國稅局

明年再來囉！

GOAL

該繳費了

現金、信用卡
轉帳

各地稅捐稽徵處

帶身分證！

GooD 專人解答、不需額外費用
BAD 得排隊、較花時間

書面申報
二維條碼申報

國稅局
推薦！

網路申報

GooD 24小時都可報
BAD 需有晶片讀卡機

財政部電子申報
繳稅服務網站
計算 ⟶ 上傳

申報及繳稅期限
在六月一日(Mon)
截止，要記得哦！

6
JUNE
MON
1
ST

資料處理流程

1　理解原始資料架構：

在架構資料之前，客戶已先對流程架構有一些輪廓，我們與
客戶溝通並理解此架構的原因：

❶ 希望讓使用者先知道自己是否符合稅額試算資格，所以
將此擺在第一步。

❷ 若是沒有收到稅額試算資格的人，進一步可能需要引導
他們報稅方法，所以希望接下來是介紹這部分。

❸ 因該年度推出「健保卡報稅」方式，所以希望能特別帶到
這個報稅方式讓使用者了解。

2. 依使用者情境調整及補充流程架構：

依循客戶的架構，我們進一步思考使用者使用情境，將架構
調整、增補，與客戶充分討論後，得到下表架構：

主軸		分支
是否符合稅額試算資格？	—	何時收到稅額試算通知書？ 查詢是否適用稅額試算資格？ 如何回覆確認？
是否要報稅？	—	放上報稅流程介紹
新增「健保卡報稅」方式	—	

報稅流程架構規劃過程圖

❶ 增加「計算年收入是否有超過報稅標準？」到主軸：因為我們認為讓使用者先知道是否有到達報稅標準，有達到，也才有再知道後面流程的意義。

❷ 將「是否收到稅額試算通知書」提升到主軸：因為是否收到稅額試算通知書是首報族和已經有報稅過的人一個很大的區別，也就是未曾報稅過的人是不會收到稅額試算通知書，所以我們覺得應該把這個提升到主軸，並且分支再介紹到如何查詢自己是否適用，以讓首報族了解，因此也將「是否符合稅額試算資格？」這個主軸拿掉。

｜主軸｜		｜分支｜
計算年收入是否有超過報稅標準？	—	首報族簡易計算方式介紹 免申報情形
報稅了沒？		
是否收到稅額試算通知書？	—	介紹如何上網查詢是否適用
繳稅額度確認	—	介紹所得稅額算法 繳稅方式介紹
申報方式介紹	—	｜下載申報軟體｜ 【有讀卡機】 -健保卡＋註冊密碼- -自然人憑證- 【無讀卡機】 -金融憑證申報- -身分證編號＋戶口名簿戶號申報- 【人工】 -至國稅局（帶身分證）查詢所得＋申報-

報稅流程架構規劃修改過程圖

❸ 將「繳稅額度確認」提升到主軸：因為繳稅額度確認關係到使用者要進行繳稅或者是要再申報，影響到使用者下一步的行為，所以我們認為可以提升到主軸。

❹ 增加「申報方式介紹」到主軸：除了介紹今年度主推的健保卡報稅方式，我們希望能再給民眾更多申報方式的選項，所以增加了「申報方式介紹」此區。

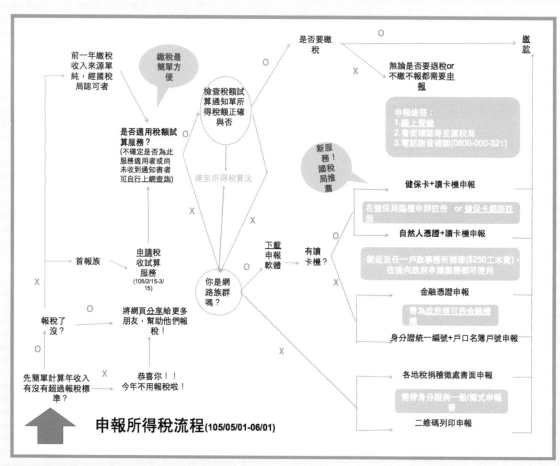

申報所得稅流程

3. 使用者測試並再次調整流程架構：

為更確認此流程是否真的符合使用者使用情境，我們找來與目標溝通對象相近的使用者測試並訪談，發現需再將以下兩點考慮進去：

主軸		分支
計算年收入是否有超過報稅標準？	—	首報族簡易計算方式介紹 免申報情形
報稅了沒？		
是否收到稅額試算通知書？	—	介紹如何上網查詢是否適用
繳稅額度確認	—	介紹所得稅額算法 繳稅方式介紹
申報方式介紹	—	｜選擇申報方式｜ -身邊有的物品：健保卡、金融憑證、 自然人憑證、什麼都沒有- -是否有讀卡機？- ｜下載申報軟體｜ 【有讀卡機】 -健保卡＋註冊密碼- -自然人憑證- 【無讀卡機】 -金融憑證申報- -身分證編號＋戶口名簿戶號申報- 【人工】 -至國稅局（帶身分證）查詢所得＋申報-

報稅流程架構規劃過程圖

❶ 流程是否已經夠簡易清楚：我們認為使用者應該會期待能透過幾個步驟就知道報稅流程，以及知道適合他的報稅方式，所以我們希望這個架構能盡量簡單，讓使用者以最少的時間得到結果。

❷ 使用者身邊擁有什麼工具：我們希望先從使用者身邊擁有什麼證件或工具詢問，以此推導到最適合使用者的報稅方式。

因此我們將架構再做了調整：

❶ 將「報稅了沒」區塊刪除：我們覺得「報稅了沒」這個流程雖然可以將使用者分流，只讓沒報稅者繼續操作這個網站，但我們覺得會進入這個網站的使用者應該是還沒有報稅的人、想知道怎麼報稅的人，所以我們覺得可將這個關卡刪除，更加簡化操作這個網站的時間。

❷ 加上「選擇申報方式」分支：為了想讓使用者找到更適合他們報稅的方式，我們再加上「選擇申報方式」的分支，內容以詢問使用者身旁擁有的證件以及擁有的工具為主，進而由系統推薦他適合的申報方式。透過以上程序，即是最後網站上看到的版本（見下圖）。

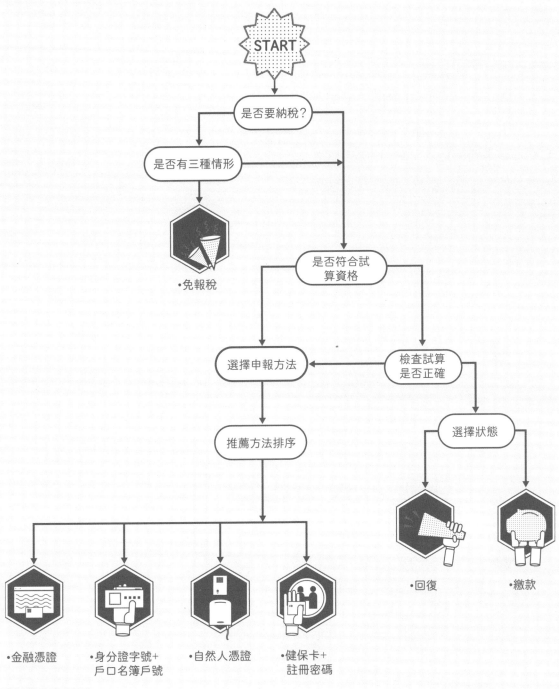

START

是否要納稅？

是否有三種情形

・免報稅

是否符合試算資格

選擇申報方法 ← 檢查試算是否正確

推薦方法排序

選擇狀態

・回復　　・繳款

・金融憑證　・身分證字號+戶口名簿戶號　・自然人憑證　・健保卡+註冊密碼

申報所得稅流程新圖

後續設計

後續我們為了讓這個生硬的報稅流程更吸引人，加入了一些吸引人的文案，例如在開頭以引起社會新鮮人的共鳴，想繼續使用這個網站。另外，為了讓這個互動式網站能幫助到更多的首報族，我們推薦中區國稅局能做「搜尋引擎最佳化」（SEO），讓更多茫然的首報族在網路查詢時能找到這個網站。

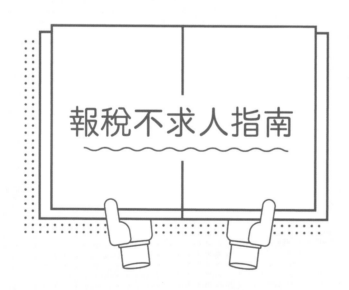

報稅不求人指南 - 標題

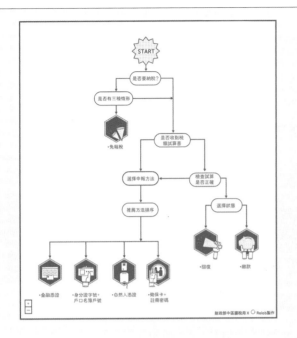

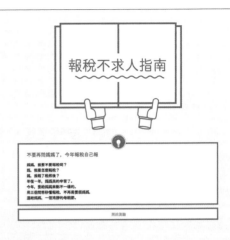

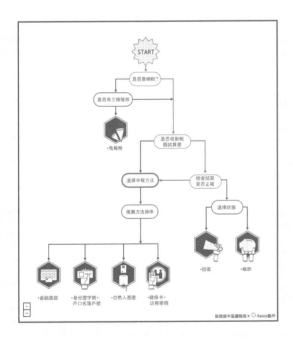

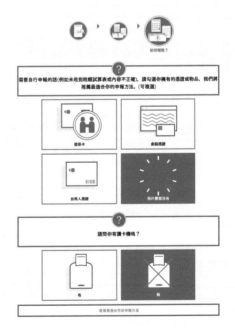

報稅不求人指南操作介面

以「食我」美食 APP 之業務介紹為例

案例學習主題

將資訊分層級，**並且按照**使用情境**排序**

合作單位

食我餐飲股份有限公司

前情提要

食我來找我們是因為他們將推出新服務，為讓潛在合作店家能夠
簡單了解合作方式並增加合作的可能性，希望製作此新服務的服
務說明書，讓業務與合作店家說明時可以更順暢，並可予店家留
下精緻、易閱讀的平面資料，以供店長或決策者日後參考。

溝通目的

讓業務向店家介紹服務時能搭配使用，以讓店家能快速知道該服
務的特點，並且能讓店家留下作決策參考。

製作主題

食我服務介紹折頁。

溝通對象

餐廳店長或決策者。

資料架構方式

確認原始架構：食我提供給我們的資料，已經有一些架構的雛形：

將資訊依重要性分層

依食我給的架構，我們考慮業務使用情境後，將架構調整如下表，並把資訊標出重要性，以此分層。

【主軸】	【分支】
Why?	食我核心價值 關於食我 媒體合作夥伴
How?	行銷哲學 如何為餐廳帶來營業額？ 什麼人正在用食我？
What?	食我產品服務 ・美食優惠發佈平台 ・APP點數行銷系統 ・整合曝光行銷方案 ・合作流程 ・競品分析

合作客戶提供製作資訊架構雛形

第一層：我們思考食我的業務使用這個文宣的情境，認為業務必須要在短時間內就讓客戶明白食我的服務，所以調整成在文宣品的一開始就先介紹食我的服務，並以介紹「美食優惠發佈平台」、「ＡＰＰ 點數行銷系統」、「整合曝光行銷方案」為重點。

第二層：讓店家知道食我提供的服務後，我們認為業務接下來應該要介紹如何和食我合作，以及合作可帶來的收益，並可配合相關數據呈現。

第三層：介紹完產品服務、合作流程、合作效益後，最後再介紹食我的經歷，若現場業務時間沒那麼充足，這部分也可省略，到時此文宣品可留下供店家參考。

決定好要置放的資訊內容及重要層級排序後，就可以據此開始安排畫面中的呈現架構了！

【 主軸 】	【 分支 】	【 重要性 】 (1為最重要的部分)
What?	食我產品服務	
	‧美食優惠發佈平台	1
	‧APP點數行銷系統	1
	‧整合曝光行銷方案	1
	‧競品分析	2
	‧合作流程	2
How?	行銷哲學	2
	如何為餐廳帶來營業額？	2
	什麼人正在用食我？	2
Why?	食我核心價值	3
	關於食我	3
	媒體合作夥伴	3

合作客戶提供製作資訊架構雛形重要性整理

資訊圖像化

我們想讓店家聽業務說明產品服務時，能更快速理解三大服務內容「美食優惠發布平台」、「APP 點數行銷系統」、「整合曝光行銷方案」，所以我們設計出一個餐廳場景，並在餐廳中設計相對應能表現這三大服務的場景，見下圖。

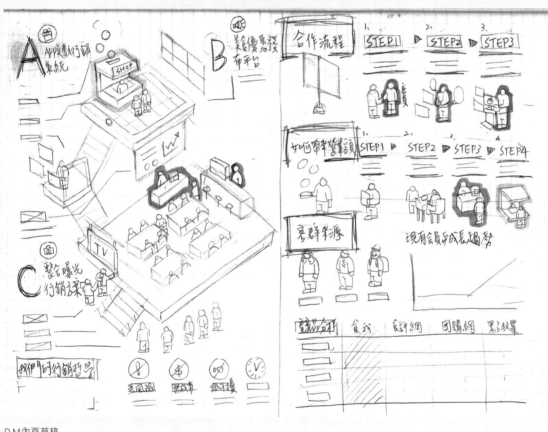

DM內頁草稿

小教室

別忘了將畫面構思的重點放在最重要的資訊內容上，並依據使用情境安排資訊呈現的先後順序。

食我產品服務

A. APP點數行銷系統

按照消費者的結帳金額折算紅利回饋給消費者，消費越多，能兌換的商品就越多。透過此系統，店家能零風險零成本投放行銷預算，長期吸引消費者持續回店消費。

APP紅利積點功能

點數商城兌換功能

主題分類篩選功能

行銷效益分析功能

加入「點數行銷系統」的店家，可以隨時登入系統，查詢紅利機制使用狀況及效益。

B. 美食優惠發布平台

店家只要提供優惠給食我會員即可藉由食我平台宣傳曝光。

C. 整合曝光行銷方案

只是優惠和積點還不夠嗎？食我整合自有網站、FB粉絲團、行動裝置APP、聯合報系紙媒、UDN網站官方部落格，及數十位專欄部落格寫手作家，橫跨虛實強效媒體，確實結合線上線下與行動裝置。

- 動態媒體專訪
- 食我Ladies專文採訪
- 行動裝置APP
- Upaper 捷運報
- 部落客聯合試吃專訪

我們的行銷哲學

> 業界唯一獲利保證。

無風險

商家獲利之後才付出行銷費用。

零成本

行銷成本於獲利營業額中支付。

低干擾

絕不需安裝任何網路電子設備。

長效益

追求長期穩定逐步成長的來客量。

合作流程

1.
優惠簽約合作
現在就馬上與食我合作，提供優惠給全國數百萬的外食族吧

2.
選擇套裝方案
依照您的需求，選擇最適當的行銷套裝！

3.
網路發佈訊息
優惠上線，源源不絕的客人就在你面前！還等什麼呢？

如何帶來營業額

1.
APP搜尋
1. 行動查詢
2. 優惠列表
3. 免費使用

2.
用餐優惠
1. 到店用餐
2. 出示APP
3. 獲得優惠

3.
結帳積點
1. 櫃檯結帳
2. 結算點數
3. 積點密碼

4.
紅利兌換
1. 累積點數
2. 尋找贈品
3. 兌換商品

客群來源

都市粉領族
姊妹們相約
享受生活。

年輕上班族
下班後同事
聚餐小酌。

熱血大學生
與同學一起
體驗美食。

現有會員與成長趨勢

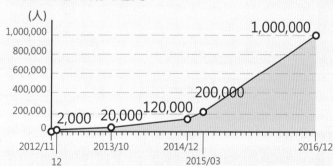

(人)

1,000,000	
800,000	
600,000	
400,000	
200,000	
0	

2,000　20,000　120,000　200,000　1,000,000

2012/11　2013/10　2014/12　2016/12
12　　　　　　　2015/03

競品分析

競品分析	食我	食評網站	團購網	點數業者
專注經營市場	餐飲業	餐飲與旅遊	各行各業	各行各業
合作優惠業者	>2000家	>500家	無長期配合	無長期配合
支付行銷成本	低	中	極高	高
干擾店家營運	低	中	極高	高
店家學習門檻	低	高	高	極高
產生效益期間	長	短	極短	短
承擔營運風險	無	高	極高	高
實質獲利保證	有	無	負	無

5 階段五

設計規劃

使用情境
觀察與設定
→
決定載體
與呈現形式
→
概念包裝
發想與設定
★ 心智圖方法
★ 類推聯想法
→
版面配置規劃
★ 常見版面配置分類
→
蒐集視覺參考
顏色規劃

到這階段是不是迫不及待動手畫圖了呢？

別急，在那之前我們要先想一個包裝概念，

為資訊打造一個舞台！

小技巧：

沒有資訊圖表製作經驗的朋友，

在跟著本節案例發想概念後，

建議先找符合設計概念與資訊傳達需求的參考作品，

可以到 Re-lab 日常頁面參考我們推薦的好作品平台！

以台灣溫室氣體排放清冊為例
案例學習主題
利用心智圖**進行發想**

合作對象

行政院環境保護署

前情提要

以往的溫室氣體報告是多是以文字搭配圖表輔助說明為主，但資料龐雜，數據複雜，資訊難以傳播。於是環保署希望我們幫忙改造《2014 年溫室氣體清冊報告》，以鮮明圖像及清楚的資訊架構讓人更快速理解 2014 年台灣溫室氣體排放概況。

每次只要公部門來找我們合作，我們都覺得特別有意義，很開心能夠讓政府蒐集的重要資訊讓更多民眾、甚至是國際知道，大概是這樣的使命感，讓我們每次都為公部門提供了物超所值的設計服務（笑）。

溝通目的

為因應氣候變遷相關國際會議發放需要，雖然台灣不在《蒙特婁

公約》的簽署國中，但環保署製作的溫室氣體清冊仍是以一樣的標準在看台灣，想告訴參與者，其實台灣都有照著國際規範在控制溫室氣體排放。

溝通對象

因應不同的溝通對象，製作了不同語言的版本。

英文：國際會議上的學者專家
中文：國內民眾，透過相關活動發放或是讓民眾索取

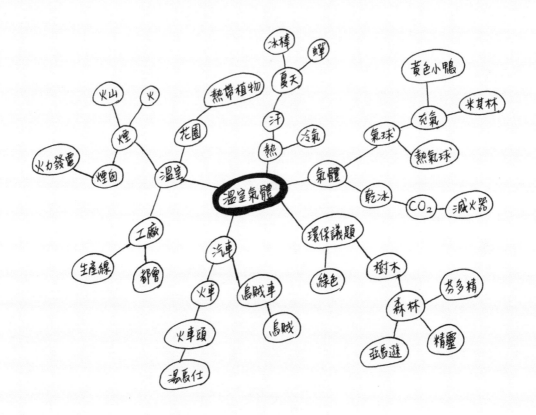

溫室氣體視覺化發想心智圖，從關鍵詞出發，大家一起把聯想到的關鍵字寫下，並將延伸發想的字詞串聯在一起。

有些專案的設計版面為因應使用情境已有明確的限制，這個專案就是其中之一，通常我們會事先就確定版面規格，分配資訊呈現內容。

概念包裝規劃

❶ 從原始資料的關鍵元素出發尋找更親民的靈感

❷ 選擇考量：以農場、工廠這樣與讀者日常生活較接近的主題出發，可以迅速接收圖像意義的視覺元素為首選，除了親民之外也容易圖像化，並且有許多延伸元素可以發展，例如穀物、電塔等。另外，我們也應客戶要求，盡量避免使用有負面意涵的元素，像是工廠的煙等，選用了像氣球這樣較輕鬆的元素，並且選擇綠色為主的版本，貼近一般人對於環境的想像。

溫室氣體　比起抽象的化學式，氣體用熱氣球、煙等等更具體且有趣的形象表現能拉近與讀者的距離，最後客戶選擇了熱氣球的版本，因為他們不希望有負面觀感的元素（如煙囪、火焰等）。

排放產業　畜牧業、重工業等等都可以用工廠等元素視覺化。

顏色　我們嘗試了三種不同顏色的版本——綠色：環保；黃色：鮮明，具有提醒的意涵；粉紅、粉藍：溫暖柔和、活潑。

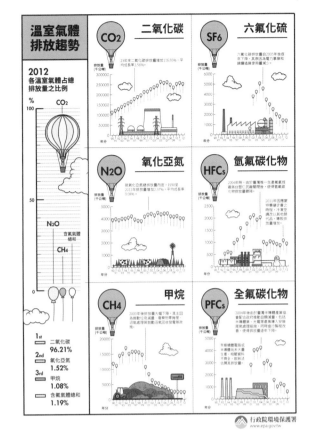

溫室氣體排放趨勢

二氧化碳 CO2

六氟化硫 SF6

氧化亞氮 N2O

氫氟碳化物 HFCs

甲烷 CH4

全氟碳化物 PFCs

2012 各溫室氣體占總排放量之比例

- 1st 二氧化碳 96.21%
- 2nd 氧化亞氮 1.52%
- 3rd 甲烷 1.08%
- 含氟氣體總和 1.19%

行政院環境保護署
www.epa.gov.tw

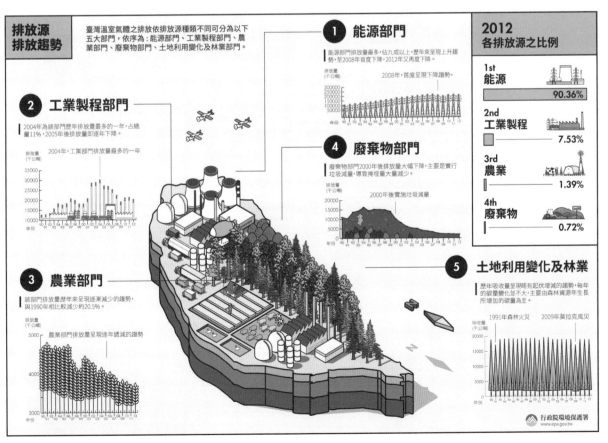

排放源排放趨勢

臺灣溫室氣體之排放依排放源種類不同可分為以下五大部門,依序為:能源部門、工業製程部門、農業部門、廢棄物部門、土地利用變化及林業部門。

1 能源部門

能源部門排放量最多,佔九成以上,歷年來呈現上升趨勢,至2008年首度下降,2012年又再度下降。

2008年,首度呈現下降趨勢。

2 工業製程部門

2004年為該部門歷年排放量最多的一年,占總量11%,2005年後排放量即逐年下降。

2004年,工業部門排放量最多的一年

4 廢棄物部門

廢棄物部門2000年後排放量大幅下降,主要是實行垃圾減量,導致掩埋量大量減少。

2000年後實施垃圾減量

3 農業部門

該部門排放量歷年來呈現逐漸減少的趨勢,與1990年相比較減少約20.5%。

農業部門排放量呈現逐年遞減的趨勢

5 土地利用變化及林業

歷年吸收量呈現略有起伏增減的趨勢,每年的碳量變化並不大,主要由森林資源年生長所增加的碳量為主。

1991年森林火災　2009年莫拉克風災

2012 各排放源之比例

- 1st 能源 90.36%
- 2nd 工業製程 7.53%
- 3rd 農業 1.39%
- 4th 廢棄物 0.72%

行政院環境保護署
www.epa.gov.tw

溫室氣體排放清冊

溫室氣體排放清冊－未採用其他版本

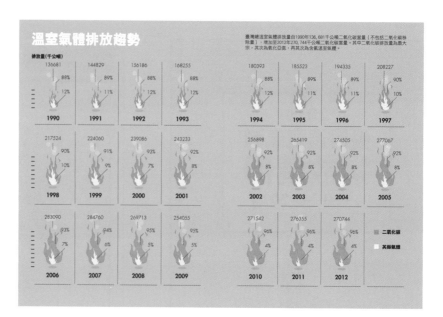

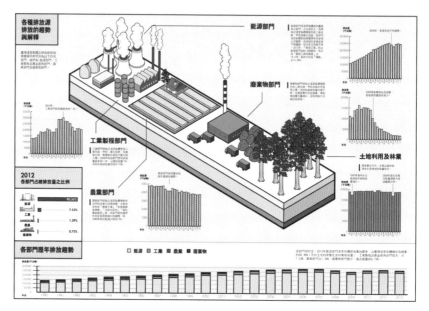

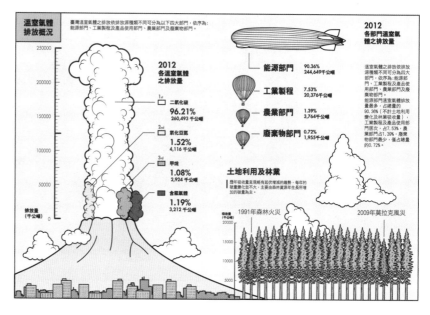

各種溫室氣體排放的趨勢與解釋

2012
各溫室氣體占總排放量之比例

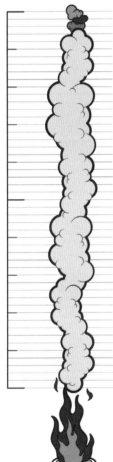

1st
二氧化碳
96.21%

2nd
氧化亞氮
1.52%

3rd
甲烷
1.08%

含氟氣體
1.19%

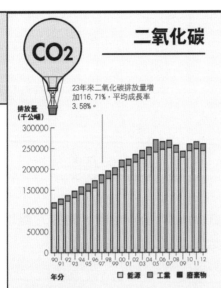

CO2 —— 二氧化碳

排放量（千公噸）

23年來二氧化碳排放量增加116.71%，平均成長率3.58%。

年分 □ 能源 ■ 工業 ■ 廢棄物

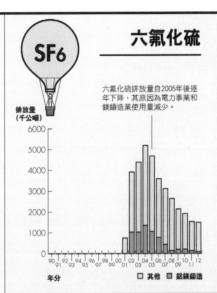

SF6 —— 六氟化硫

排放量（千公噸）

六氟化硫排放量自2005年後逐年下降，其原因為電力事業和鎂鑄造業使用量減少。

年分 □ 其他 ■ 鋁鎂鑄造

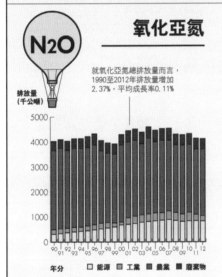

N2O —— 氧化亞氮

排放量（千公噸）

就氧化亞氮總排放量而言，1990至2012年排放量增加2.37%，平均成長率0.11%

年分 □ 能源 ■ 工業 ■ 農業 ■ 廢棄物

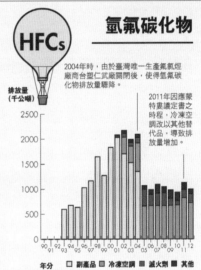

HFCs —— 氫氟碳化物

排放量（千公噸）

2004年時，由於臺灣唯一生產氟氯烴廠商台塑仁武廠關閉後，使得氫氟碳化物排放量驟降。

2011年因應蒙特婁議定書之時程，冷凍空調改以其他替代品，導致排放量增加。

年分 □ 副產品 ■ 冷凍空調 ■ 滅火劑 ■ 其他

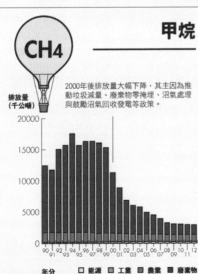

CH4 —— 甲烷

排放量（千公噸）

2000年後排放量大幅下降，其主因為推動垃圾減量、廢棄物零掩埋、沼氣處理與鼓勵沼氣回收發電等政策。

年分 □ 能源 ■ 工業 ■ 農業 ■ 廢棄物

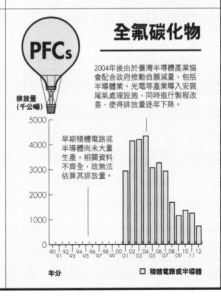

PFCs —— 全氟碳化物

排放量（千公噸）

2004年後由於臺灣半導體產業協會配合政府推動自願減量，包括半導體業、光電等產業導入安裝尾氣處理設施，同時進行製程改善，使得排放量逐年下降。

早期積體電路或半導體尚未大量生產，相關資料不齊全，故無法估算其排放量。

年分 □ 積體電路或半導體

丹麥女孩：史上第一個進行 跨性別手術的女性故事為例

案例學習主題

想要推廣的資訊和溝通對象的生活經驗較有距離，怕對方難以想像嗎？

類推聯想法可以讓主題聯繫到另外一個受歡迎的主題，

增加原本主題的親切感。

內部發起計畫

內部發起，與前關鍵評論網編輯鄒琪合作。

我們有個朋友那陣子剛好在泰國進行了一個變性手術的研究計畫，看了內容以後讓我們很感動，因此和關鍵評論網、台灣性別不明關懷協會展開了一系列的跨性別議題推廣合作，這個作品就是其中之一！

前情提要

台灣每年有亞洲最大的同志遊行、愈來愈多國家開放同性婚姻、各種LGBT（是女同性戀者[Lesbians]、同性戀者[Gays]、雙性戀者[Bisexuals]與跨性別者[Transgender]的英文首字母縮略字）友善社團紛紛成立，但社會大眾對性別議題仍有許多的不認識，甚或誤解，於是我們希望透過這系列合作，介紹關於性別的各種定義，讓大家跟我們一起開始思考「性別」背後的含義。

在推出跨性別專案之前，電影《丹麥女孩》正好拿下奧斯卡大獎，因應它大受歡迎的熱潮，我們希望在這個時間點，以資訊圖表呈現丹麥女孩主角的性別認同轉換作為跨性別專案的前導，開啟大家對跨性別者的初步認識。

溝通目的

藉著丹麥女孩廣受歡迎，希望對喜歡這部電影的觀眾作進一步的溝通，讓他們更深入了解跨性別者內心的性別認同轉換。

製作主題

丹麥女孩：莉莉艾爾伯的一生

溝通對象

對這部電影及跨性別相關議題感興趣，年齡介於十八至四十歲的社群使用者。

視覺概念規劃

整體概念包裝

若要傳遞溝通對象較缺乏的體驗或難以想像的情感，透過「象徵類比法」，用溝通對象熟悉的故事及元素來引起共鳴，能讓讀者更容易進入情境。搜尋完資料後，主角的故事立刻讓我們聯想到了小美人魚，小美人魚在丹麥這個城市追尋自己的夢，巧的是，二十世紀的莉莉·艾爾伯也是一樣，於是我們決定用大家熟悉的美人魚及海洋的意象作為視覺化的包裝。

關鍵元素視覺化設計

針對兩個特別想讓讀者注意的關鍵訊息進行視覺化的包裝發想：

❶ 莉莉艾爾伯的性別變化：

與性別相關的變項有時間、外表變化（穿著、生理性別特徵）、內心性別認同變化

❷ 外在人事物對莉莉艾爾伯內在的影響：

生命中的重要他人有哪些、對主角有什麼影響

整體資訊架構

不論是性別變化還是其他人物對主角的影響，因果關係和時間順序都非常重要，因此若要以一個資訊架構清楚結合上述兩大關鍵訊息，用時間軸來呈現再適合不過了！

先以時間軸為骨架，呈現主角的一生，同時可以呈現主角生命中重要他人的影響時間及主角內心及外在的性別轉變。

概念包裝設定

運用類比法讓我們決定用小美人魚的故事來做視覺上的包裝，海底環境讓我們想到可以用水草的顏色來來比喻莉莉心中兩性的性別意識掙扎與轉換。希望透過大家熟悉的小美人魚故事影射，讓原本對跨性別者較不熟悉的民眾，更容易聯想莉莉艾爾伯的內心掙扎與轉變的痛苦。

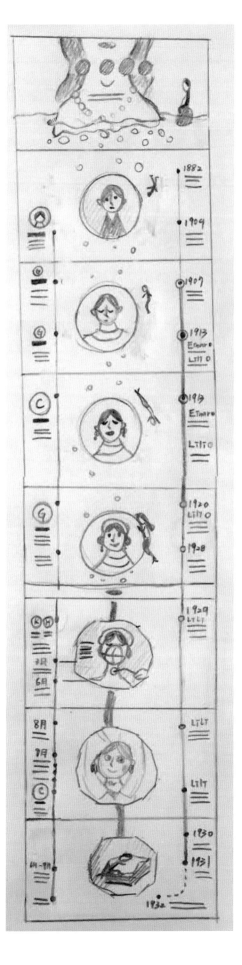
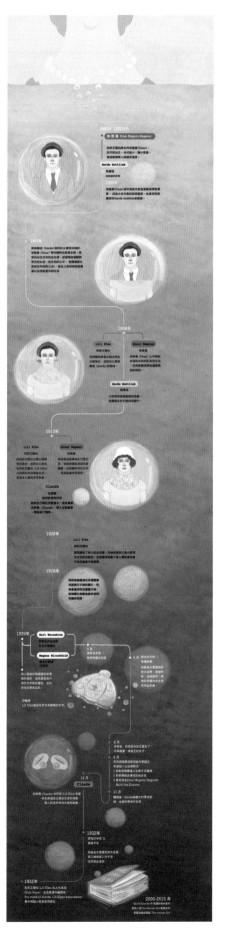

設計製作及完稿

視覺元素製作　為了保留手稿插畫的溫度，又有調整版面的彈性，設計師先以手繪進行元素的繪製，上色和排版都進電繪執行，並且一開始就將每一個視覺元素獨立製作（方便日後調整成各種不同的組合與排版）。

加入細節　為了增加真實感而加入了一些人物的實拍照片，也埋藏了一些小巧思，像是封面的主角只露出肩頸處，凸顯出女性裝扮卻有喉結的違和處、特地模仿主角各種心境下的穿著喜好……等，讓作品多了更多令人玩味的細節。

最後，因為配合溝通管道——臉書的發文版面限制，我們製作了另一個版本：將版面規劃成可以變成一張張相片的格式，以一本相簿的形式發佈。

最後定案完稿

6 階段六

設計製作

文案設計　　　→　　視覺元素製作　　→　　字級大小層次規劃　　→　　檢查
草圖製作　　　　　　字體設計　　　　　　排版調整　　　　　　　　　完稿

沒有設計經驗的朋友不用擔心，

這一節我們會介紹一些小技巧和工具，

讓大家都可以用自己的方式

做出讓人印象深刻的資訊圖表。

以 行動商機趨勢
CHASE策略聯盟邀請函為例
與 AMAZE快租時尚合作

案例學習主題

善用手邊資源和相關工具，讓製作事半功倍

前情提要

希望藉由邀請函上呈現的行動商機趨勢，說服實體店家加入
CHASE的平台，作品型式為印刷摺頁邀請函。

製作步驟及相關工具

❶ 選定合適的參考，在設計規劃階段找到適合的參考了嗎？
除了好作品平台以外，你也可以到相關的線上製作軟體中選
擇適合的模板，只要搜尋「infographic tool」就可以找到
許多線上軟體（如：piktochart）。

❷ 整理可運用的相關資源，如字體、實拍照片、圖示（以本
案例而言，作品中的圖示皆沿用合作客戶產品中的圖示），
接著照資訊架構及概念包裝設定，進行草圖繪製。就算是直
接用線上軟體編輯製作，還是建議先在紙上畫出自己心中的
草圖，才不會迷失在各種模板與眼花撩亂的視覺元素裡。
（畫完草圖後，記得用五大法則 P.42 想一想，是否有需要調
整的地方喔！）

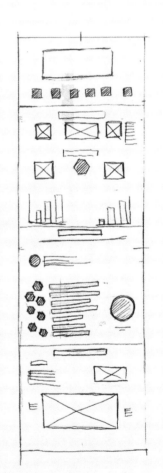

參考及模板示意圖

❸ 根據概念包裝設定及草圖規劃，設計大小標題與內文的文案，這部分要特別注意圖文的呼應與搭配、不同資訊層次的安排（不同資訊層級的文案字級大小安排），還有前面提醒的互動性營造。

❹ 依據自己熟悉的軟體進行完稿的製作，簡單如小畫家、簡報製作軟體或自己手繪，到線上的相關工具或專業的繪圖軟體都可以。為了之後調整及測試的便利，記得在不同圖層都要個別進行存檔，版面配置設計、圖表的圖檔、視覺元素及圖示及文案標題製作等，最好是分開存檔模組化管理，預留未來其他運用及修改的彈性空間。

❺ 最後進行整體一致性的調整，包含：視覺元素、顏色運用、排版細節與文案設計。（別忘了做色盲檢測喔！）

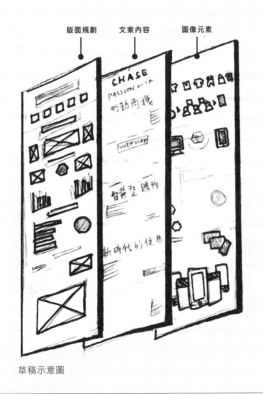

草稿示意圖

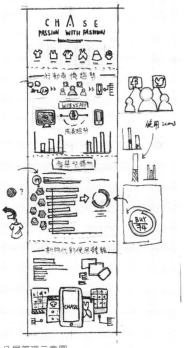

分層管理示意圖

更多不懂設計也能做的資訊圖表形式作品參考：

不動產實價登錄新、創業資金哪裡找

只要選定適合呈現的視覺元素和圖表類型，套用簡單清楚的版面就

加分許多！

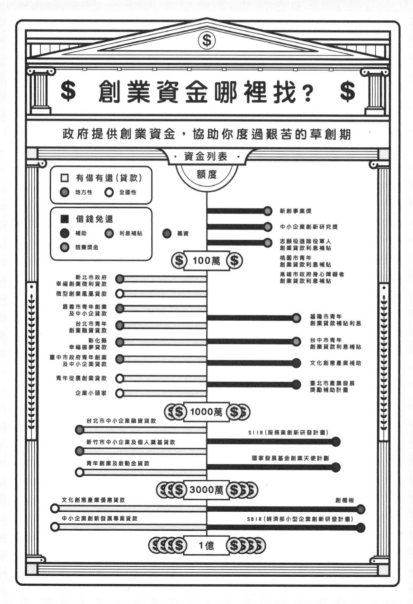

創業資金哪裡找？

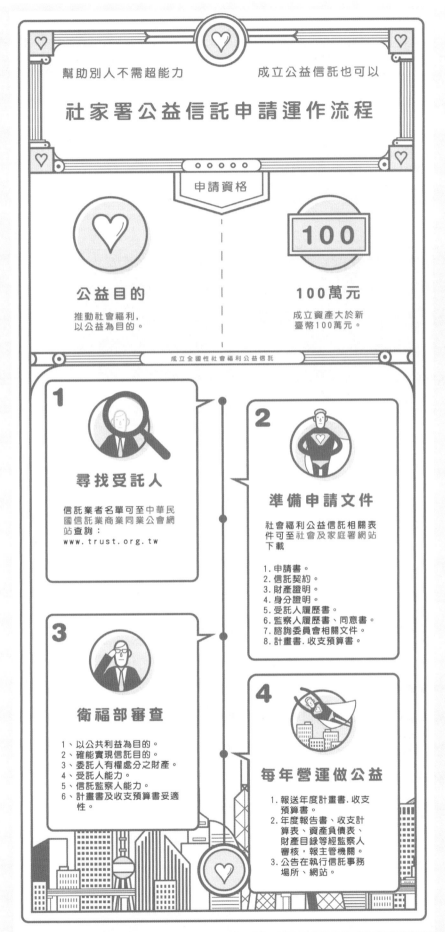

社家署公益信託申請運作流程

調酒熱量表

可以用 rawgraphs.io 或 PlotDB 這兩個免費的線上工具試做，
再輸出圖檔用自己熟悉的軟體後製喔！

調酒熱量表

花火的色

如果可以做成 GIF 動態形式更吸引人喔！

請參考動態連結：https://goo.gl/2MTWNA

花火的色

階段七

測試與調整

#1
是否符合
使用情境

#2
資訊圖表
對溝通對象的

○ 吸引力
○ 理解力
○ 行動引導力

★ 訪談測試
★ AB測試

如果你跟我們一樣重視資訊傳遞的成效，

那這個階段絕對不能省略，

Re-lab為了了解每次的新實驗、新作品的溝通成效，

慢慢發展出一些實用又簡單的測試方法。

測試可以發生在任何一個階段，

下面要介紹的案例是在「研究溝通對象」這個階段喔！

資訊圖表完成後的測試小技巧分享

你可以帶著作品找幾個溝通對象問以下問題，但記得問之前要先設定對方看到資訊圖表的情境再請對方作答，如：「請想像你某天下班後在家裡沒事滑手機，看到有個朋友分享了這張圖」。

測試問題：

給對方看十秒鐘就把圖收起來，問他看到了什麼、對這張圖有什麼感覺、覺得這張圖在傳達什麼資訊。回答完後再給他看三分鐘，再問一樣的問題。

（可以測試資訊的重點是否成功視覺化呈現，同時瞭解視覺動線設計是否妥當。）

以 Info2Act 之正確認識 ADHD 為例

案例學習主題

將設計好的作品拿去進行現場訪談,可以快速學習到更多東西

前情提要

ADHD(注意力不足過動症)聽起來離我們的生活很遙遠,但其實不然,ADHD 的三大特徵:過動、衝動與不專心每個人身上或多或少都有,若嚴重到影響生活、學習、交友及自信心,就需要更專業的協助與更耐心的理解與互動。但可惜的是,對 ADHD 的不察和誤解,常讓需要幫助的小朋友們失去得到正確協助的機會,進而對人格養成、人際關係和學習信心等發展受到影響。

Info2Act 和 Re-lab 希望藉由這次雙方的合作,用小測驗結合資訊圖表的形式接觸到潛在相關的群眾,並透過他們把正確的知識散播出去。

溝通目的

讓民眾更正確的認識 ADHD 相關知識,進而提供更適當的協助,尤其是容易接觸到小朋友的群眾,因為從小發現並提供適當的協助非常重要。

製作主題

❶ 如何判斷有沒有 ADHD？（ADHD 的特徵與專業判斷管道）

❷ 為什麼會有 ADHD？（ADHD 的成因）

❸ ADHD 的治療方式及管道

溝通對象

❶ 從事教育相關行業者

❷ 家長

❸ 過動、衝動與不專心特徵較明顯，甚至懷疑過自己有 ADHD 的人

測試網站入口圖吸引效果及概念包裝方向

我們不確定用什麼樣的概念包裝和切入角度更能夠吸引到溝通對象來互動，因此想要用社群實驗快速的進行 AB 測試：

我們設計了兩款文案與圖像，並且請有興趣的人填寫問卷，讓我們更進一步瞭解其想法和建議。

第一款圖像及文案我們設計從了解自己（或自己關心的人）出發，第二款圖像及文案我們則是從扭轉 ADHD 印象的概念出發（這些名人也有 ADHD！），希望透過「名人」及「祕密」吸引目標群眾。

第一款圖及文案

「你知道自己的過動、衝動和分心指數有多高嗎？

你常常靜不下來、坐不住嗎？

你經常打斷別人說話，和其他人發生衝突嗎？你房間經常很亂嗎？

想做個測驗了解你自己嗎？來幫助我們完成這個測驗遊戲吧！」

於實際貼文中附上問卷連結請網友作答，讓我們進一步瞭解其想法

第一款測試圖

第二款圖及文案

「威爾史密斯、比爾蓋茲、金凱瑞、理查布蘭森等名人，皆有好動的童年，甚至是讓家長、老師頭痛不已的問題人物！你知道嗎？他們其實都有注意力不足過動症（Attention-Deficit / Hyperactive Disorder，簡稱 ADHD）。

根據統計，台灣兒童有 ADHD 的比例大約為7-8%，平均每個班級都會出現一到三位這樣的小朋友。但只要他們透過專業醫師的診斷及治療，通常就能改善他們過動、分心、衝動等症狀，讓他們的生活及學習狀況改善。

（參考資料：高淑芬《家有過動兒：幫助 ADHD 孩子快樂成長》）
你認為ADHD對他們來說，是一種阻力呢？還是他們成功的特質之一？想知道更多消息歡迎留下資料：（問卷連結）

第二款測試圖

擴散率及填答率

第二款自然擴散的成效比第一款好的多，但第一款表單的填寫率較第二款來得好，我們覺得一方面可能是第二款比較是以「名人」及「秘密」為吸引力所以擴散力高，但因為與自身的連結不高，所以填寫表單的意願不高，而第一款比較是以瞭解自身出發，所以填寫表單的意願高許多。

填寫表單族群分析

第一款和第二款圖文表單填寫族群皆以十五至三十歲為主，但身份有上班族及學生這兩種明顯的差異，且各自都佔多數。

後續設計

我們更希望接觸到對這主題有共鳴，且願意深入瞭解的人，因此根據測試的結果，決定了遊戲包裝方向：「將 ADHD 三大表徵——過動、衝動、分心包裝為個人特質測驗」，讓使用者先以了解自身（或自己關心的人）為出發，再進一步以互動式圖表的形式更深入了解相關資訊。

為了讓使用者更融入測驗，我們將測驗題目加上情境包裝，因為前測表單顯示上班族及學生皆為重要溝通對象，所以我們將測驗入口分為上班族及學生兩大情境。透過個人特質測驗結果吸引受眾進一步主動的探索相關資訊。

最後定案設計

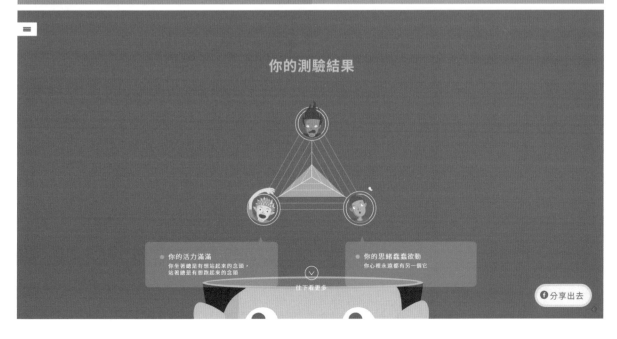

3

原來！
他們
都這樣做

3-1

訪談主題
醫學領域資訊設計之經驗分享

誰說醫生不會走出白色巨塔?誰曾經對生硬的專業知識推廣失去信心?從 Info2Act 的創始成員口中,你將能一探專業知識擁有者和設計師一起合作資訊圖表的過程與挑戰,更重要的是,你會發現,渴望散播有價值的資訊的熱情,原來可以透過資訊圖表傳遞到這麼多人的心理!

關於 Info2Act

Info2Act 共同推廣者、疾病管制署防疫醫師

Info2Act 成員由資訊設計師、自由工作者,和具醫療背景的專家組成,先前的作品多專注於製作醫療健康議題的資訊圖表,希望透過資訊設計的方式,推廣更多專業知識,拉近這類資訊與民眾的距離。作品包括《亞斯的厚帽子》、憂鬱症資訊繪本《不要再說加油了……好嗎?》。

Q————你們團隊的組成是？

A—之前一起合作的夥伴離開後，目前固定的成員剩下兩個醫師和其他三位夥伴，目前只有我和其中一位在國內，另外一個身心科醫師在國外，比較像是諮詢的角色。原本有一位專案管理，他日前做完憂鬱症專案後就去上海了。

Q————Info2Act 做了很多跟醫學相關知識推廣的資訊圖表，
請問每次是怎麼決定要推廣的主題呢？

A—我們團隊的專業知識本來就是偏醫學方面的專業，這方面也是大眾最不熟的，是資訊設計很好的切入點。

一開始成立的契機是當時想推廣伊波拉的疫情，因為大家都對這個傳染病很陌生，所以從它開始。

資訊圖表是一個新興的工具，在醫學領域來說是一個很好的工具，可以更有效率的跟一般人溝通。醫生常常花大把的時間在把主觀及客觀的艱深醫學資訊傳達給大眾，如果可以一次用資訊圖表對大量的人做解釋，對我們這個專業是很大的幫助。

我們是非營利的團隊，所以對主題的選擇，其實就是依照我們自己的興趣。而很多醫療課題都是潛在主題，是做不完的。社會議題我

們也有想做，但畢竟不是我們的專業，所以就需要跟其他人合作，會需要較多的時間。

Q————不過我們也看到你們也有做一些跟醫學沒有相關的資訊圖表，像是「改變，從回家開始」，可以說說這些不是醫學相關的資訊圖表製作的動機嗎？

A——這個專案是有合作單位來找我們合作，合作方負責提供資訊的。其實資訊設計很大一部分的重點是「知識的來源」，除非是我們自己比較熟的，不然就會花很多時間在蒐集資料。由於我們團隊大多都是兼職投入，所以最有效率的做法就是找合作夥伴負責提供資料。

Q————你們專案進行流程是怎麼樣呢？

A——開始訂立主題後，會先跟這領域的專家討論，並鎖定要傳達的關鍵訊息，對我們來說這樣的流程可以很快過，因為我們自己就是醫療領域的專家，所以很快就可以決定關鍵訊息。

接下來就是討論如何呈現並構思內容。

當我們有固定設計師的時候，就可以直接跟設計師訂立架構，但因為現在沒有固定合作的設計師，所以我們自己會需要花更多的時間在構思作品架構。

像亞斯專案，當時會選這個主題是想要一個比較有話題的主題，再加上我們團隊的專家都是醫療背景的，所以想說還是選擇比較熟悉的醫療相關主題，而剛好那時候柯Ｐ滿紅的，很多民眾都有聽過「亞斯伯格」這個詞，但都不太了解，所以那我們就覺得這是不錯的方向，就以這個為主題。

選了主題之後，我們就討論說要傳達給民眾的訊息是什麼？很多人可能想說要呈現這樣的議題要把如何診斷、它和自閉症的關係、各種可能症狀講得很清楚，但我們看了很多資料後，覺得要把這些事情講清楚其實不容易，民眾也可能很難懂，所以後來我們就把要傳達給民眾的主要訊息設為「亞斯伯格症不是一種病，比較像一種人格特質」，試圖呈現具有這樣人格特質的人和其他人有什麼不同；另外我們也會希望帶到「行動」這部分，也就是一般民眾要怎麼樣和這些人相處。

接著，根據這個設定，我們就開始想說我們要呈現的內容，而內容和形式也有關係。因為我們第一個作品伊波拉用 Facebook 相簿形式算滿成功的，所以想說亞斯這個專案（是我們第二個作品）也沿用這樣的形式；也因為如此，我們覺得內容就限定在八到十張之內，架構就慢慢形成了，我們設定每張都會有一個要傳達的重點訊息，接著就會再設定每個訊息下要傳達的小訊息。

我們設定每頁的關鍵訊息後，就會去想怎麼樣安排順序邏輯會比較順，像亞斯專案，每頁安排邏輯就是一開始先介紹亞斯的簡單定義，接下來就會跟我們關鍵訊息的設定有關，即是呈現亞斯的人格特質，比如說舉名人的例子，因為這樣比較有趣，大家也比較有感；再接下來，就會有一些解釋性的內容，比如說跟自閉症的關係、跟性別的關係、盛行率等。

在訂定主題及關鍵訊息這部分，比較是我們醫師單方面決定的，因為我們是比較熟悉這議題的人，所以我們會希望照我們想操作的方向去做。接下來每頁呈現的資訊架構，我們就會開始和設計師討論。通常設計師也會看一些資料，我們和他們討論時，就可以知道原來一般人想知道什麼，這時候其實也開始進行資料分層，比如說在亞斯這個病的簡介頁，第二層訊息就會是亞斯是什麼、它和自閉症的關係，比較細節的問題就會到下一層才講，例如它的盛行率、男女比例等，這個訂出來之後，也就可以去討論整個頁面資訊架構的版面安排。

Q————和設計師溝通有什麼訣竅嗎？

A——跟設計師溝通有點像是我平常和病人解釋事情那樣，盡量都是以最直接、最簡單的方式去說。盡可能不要用專業術語去解釋事情，因為這樣對設計師要去消化、或去想要怎麼呈現資訊來說都沒有用。

再來要注意的，就是溝通要很明確、清楚！當要把資訊交給設計師的時候，要跟他解釋清楚，當他不了解，他呈現出來的內容也不會對。

Q————當你們開始進行一個專案的時候，你們如何規劃專案時程？

A——因為我們比較多專案是自己發起的，所以專案時間的規劃會比較鬆散。蒐集資料、定草稿大致會在一個星期內完成，而整個專案一開始都會抓一個月左右，但其實後來跟設計師們合作時都會花很多時間磨合。與他方合作的案子則大多是一到兩個月內完成，像是憂鬱症的作品。而其中我覺得最花時間的地方，就在於資料的修正以及溝通。

Q————製作資訊圖表，你們通常是怎麼分工的呢？會有哪些角色參與呢？那彼此又怎麼合作的呢？

A——我們的組織是非常扁平的組織，彼此都會提供意見，每個人也都會兼做一些事，並沒有分那麼細。團隊比較完整時會大致分為專家、設計師、專案經理（討論架構、管理進度）。以前有固定配合的設計師時，設計師可以身兼設計及管理專案的架構等，現在沒有固定設計師的話就變成我來做。

我們組織的角色分工比較彈性，不會特別固定角色。小團隊其實蠻容易達成共識，因為我們也沒什麼業主的壓力，就是彼此達成共識，滿自由的。不會砍掉重練，資訊控管部分我們掌握的滿好，大方向很少做很大的變動。

關於要怎麼避免資訊架構大改，我覺得團隊大家在討論資訊架構的時候都必須要有一個共識，就是這次討論大家都必須要仔細看過資料，並且知道這次討論結果就是定案了，若之後有人突然提出覺得後半部其實要改成怎麼樣才比較好，我覺得這是在討論事情或是工作上都比較不好的做法，而且也是在浪費大家的時間。如果真的之後才發現有什麼錯誤必須要修正，那就是要看你自己怎麼取捨了，想想看是不是可以用微調的方法減少一些製作時間。我覺得這是團隊在工作時，大家對於工作流程必須要的一個共識。

當進入設計師製作的部分，要怎麼避免畫好後重新大改，我想就是每次在討論的時候，我都盡量解釋清楚我們想要呈現的訊息，而關於設計的部分，就交給設計師的專業，比如說畫面要三分割還是四分割、人物角色要怎麼安排、顏色要怎麼用等等，這部分我們就比較不會有意見。

像亞斯專案就有碰到草圖一直修改的狀況，可能今天覺得這個資訊這樣呈現比較好，到明天又覺得另外一個呈現方式比較好，但我們設定的資訊架構還有細部訊息幾乎不會改變。畢竟亞斯這個比較深的議題，要把它呈現清楚比較難一次到位。

Q————你覺得訂立目標跟溝通對象是在專案開啟前必要的嗎？是怎麼訂立目標及溝通對象的？

A——會，但不會像廣告、行銷公司那麼精確，不會有什麼主打的目標客群，因為大部份我們主推的醫療議題都是與大家切身相關的。Facebook是我們主要的發表平台，所以我們直接就設定TA（目標客群）是臉書高強度使用者，像是年輕、活躍等特質。而作品的風格還是依據我們想要講的事情，像是伊波拉時，就會往比較客觀理性的風格出發，顏色則是用紅色，有末日的感覺；亞斯伯格專案時則是考慮到是跟爸媽、小孩、老師溝通，所以選用繪本的風格，比較親切。至於目標並不會特別訂立，主要就是說完我們想講的事就好。

Q————看到你們滿多作品的包裝方式都是有一個故事主角，以他發生的事為中心講述相關資訊，像是亞斯、憂鬱症、失智等都是這樣，請問你們對於這樣的包裝方式有特別的偏好嗎？或是這樣的包裝特別能達到什麼效果呢？

A——因為這些疾病都是偏向身心，比較適合從情感、主觀敘述出發，而圖表、數據比較冷的呈現方式我們就不考慮。舉例來說，像做伊波拉和MERS圖表的時候，比較偏疾病的介紹跟解釋疫情的現況，就比較多客觀的數字和圖表呈現，而像憂鬱症專案的表達，並不是直接用文字呈現就可以的，只呈現數字的話我覺得沒有什麼意義，但是透過塑造的角色，觀眾容易進入情境，我們另一個介紹

失智症的專案也是用與老人家相處的故事來表達。所以主要還是要看你要介紹的議題與資料取向為何。

Q————————你覺得有些作品表現得超乎尋常的好，有些表現得不如預期最大的原因是什麼？

A——網路上圖表要傳播的好我認為除了本身品質要好外，另外一半就是看議題的關注度。我覺得台灣人很關注心理的議題，所以觀眾很快的可以帶入自己或身邊的其他人，傳播力會很強。

Q————————當你們確定這次推廣的主題後，你們怎麼確定呈現方式呢？例如什麼時候用一張資訊圖呈現、什麼時候用懶人包等等？

A——看資訊的特色，若是主觀敘述情感類的議題就是用故事、用角色等去包裝，而客觀理性的數據就是用圖表呈現。

Q————————資訊圖表通常會含有大量的資訊，請問你都是如何安排資訊層級的？有什麼訣竅嗎？

A——我會先給出一個架構，列出疾病主要的推廣重點，剩下需要補充的資訊有哪些，藉此分層出主要訊息、第一層、第二層等。這樣的工作主要就是由專業的人進行，再進一步蒐集其他人的意見。

實務上像亞斯伯格繪本的話我們有先設立關鍵訊息，其他的資訊就是根據這個訊息延伸。淡化次要的資訊，最後再點綴上有趣的元素，像是名人、四大症狀等。

Q———————問了100個人就會有100種意見，請問你們是怎麼在眾多的意見中取得平衡呢？

A——我們通常做到接近完整的時候，就會給內部的人先測試一下，其實我們的內部夥伴就是很好的測試對象，他們就是一般大眾，也就是我們設定的目標對象。

Q———————你們會如何評估自己的作品是否有達到目標？哪個作品你們覺得特別成功，原因為什麼？哪個作品你們覺得沒有達到預期的期待，你們覺得原因為甚麼？

A——亞斯伯格專案應該是最成功的。那個成功真的是意料之外，直到現在都還是時不時有一些民眾傳訊息來問手冊還有沒有在賣。我身邊的專業人士朋友也都滿喜歡這個作品，是真的有實質價值的，在專業的人的手上也得到肯定，這點讓我覺得很開心。

Q———————你們覺得怎樣算是一張好的資訊圖表？

A——具備專業的可靠性及有趣（用一些新的嘗試）。新的嘗試像是

之前的失智專案，我們嘗試用繪本的方式；而其他我們自己現階段沒辦法做到的、但覺得滿有趣的嘗試，則有以遊戲化的方式（急診人生）、問卷遊戲（透過回答不同問題，給你不同資訊，最後給你統合的結果）、動畫等。

Q————————Info2Act接下來的目標是什麼呢？ 有想做什麼新的嘗試嗎？

A——我希望我們做出來的東西是連專家都可以打動，並且真的可以幫助到他們的東西，更好的話希望讓一般人看了以後，也可以化為行動。

其實因為Info2Act的成員的本業都不是在做資訊設計這塊，而且我們是一個非營利的團隊，所以只要我們想做的議題都會想嘗試看看，我們也會嘗試運用不同的載體來試看看，比如說數據新聞，我們團隊最近也有人對這個滿感興趣的，搞不好會想做看看；以及像是資料視覺化，能不能跟我本身工作做結合，我能不能用Info2Act的資源來做一些不一樣的嘗試，都是有可能的。

我想我們會不斷地做嘗試吧！因為我們這個團隊其實沒有一定要獲利的壓力，沒有說一定要找到哪個模式來獲利，所以什麼嘗試都可以試試看。

Q──────你們覺得資訊圖表未來的發展是？

A──我覺得像Facebook相簿或懶人包已經不會再出現什麼熱潮了，但資訊設計還有很多形式，我覺得它會往兩個地方發展，一個是比較偏深度的，例如專業人士工作上可能會感興趣的資料視覺化，把資料利用視覺化的話方式做進一步的深化；另一個則是朝廣度發展，比如數據新聞，把很多不同的議題都用視覺化的方式來呈現，台灣現在有些媒體也有往這個方向去走，雖然還比不上國外一些已經發展很成熟的地方，比如說紐約時報，但這種東西就沒有說流行不流行了，它就是一種呈現新聞的形式。若是沒有特別專精的專業的話，用有趣的方式呈現也時常可以讓人驚艷！資訊不一定要很深，具有很強的傳播力也是一種方法。但在介於深度與廣度兩個極點其中的我都覺得會有點不上不下，不然就是要有辦法跟專業人士及媒體溝通。

Q──────對剛想要踏進資訊設計界的新銳設計師有什麼建議嗎？例如需要具備什麼能力？該有什麼樣的心態？

A──對人對事都要有非常強的好奇心，失去好奇心後就不會有好作品。另外溝通能力，不管是對一般人、還是對專業人士的溝通能力，我覺得這在資訊設計尤其重要。

不要再說加油了

...好嗎?

但如果只是有時心情不好,或陷入低潮,這樣也算是憂鬱症嗎?

憂鬱症 ≠ 心情不好

不開心 – 每個人都可能發生
情緒低落維持不到兩週,仍能維持正常作息
憂鬱症 – 需要經過專業診斷
情緒低落持續兩週以上,無法維持正常作息

憂鬱症患者 ≠ 抗壓性低

持續壓力累積導致憂鬱症,
抗壓性也因生病而變低

憂鬱症 ≠ 自殺

憂鬱症並非自戕主因,輕生念頭只是為了
說離痛苦的感覺,並非真的想要結束生命

憂鬱少年
無法清楚表達而容易
被誤解為叛逆與孤僻

憂鬱成年
擔心影響連累他人或造成
自己負面形象而選擇隱瞞

身邊一些知道情況的朋友,
常常會這樣...

給我很多
人生建議

勸我多運動
或出門走走

叫我作息正常
早點睡

總是對我說加油

幫我介紹
各類社團或活動

我知道你們都是為我好,但卻讓我有更大的壓力

當我憂鬱的時候,大家都急著給我建議,可是
對生病無法馬上振作的我來說,只是帶來更大的壓力,
別再對我說加油,好嗎?
你可以說...
我看到你的努力,我支持你

你不是一個人,我會陪著你

雖然我憂鬱,但我不孤僻,其實我害怕
孤單的感覺,如果有人能陪著我、和我
說說話,我會更有安全感。

製作團隊:曾敏雅、張白香

製作團隊：吳培弘、張志祺、王成祥、柳林瑋、黃威愷、鄭皓元、陳劭芊、張白香

3-2

訪談主題
《紐約時報》及《華盛頓郵報》實習經驗分享

為什麼有代表性的國際媒體近年來都這麼重視資訊圖表？透過林辰峰紮實的國際媒體工作經驗，用不一樣的高度和視野來看看資訊圖表如何成為現在傳播媒體的新時代利器，說不定看完林辰峰爽朗直率的經驗分享以後，你也能像他一樣，在媒體新聞產業裡重新看到一線曙光！

關於林辰峰

《華盛頓郵報》圖表編輯實習生、新媒體研究所社群共同管理人

於文化大學新聞系畢業後，開始投入新聞資料視覺化的領域，並先後到《紐約時報》及《華盛頓郵報》擔任圖表編輯（graphic editor）實習生，擁有不少製作新聞圖表經驗，也相當了解國外新聞界此領域發展。
（個人作品集：http://jeremycflin.github.io/）

——————資訊設計為什麼吸引你？

A——我是念新聞出身的，但台灣的新聞比較偏向引用各方說法的論述，是很主觀的。所以，我想尋求更客觀的方法來做新聞，而數據就是最好的切入面向。數據本身就是強而有力的事實本身，統計不是他說或她說，它本身就能讓人信服。我其實不把自己當作是一個資料視覺化的人，本質上來說我就是一名記者，而資料視覺化只是我擅長拿來說故事的工具。

Q——————你以前是唸新聞系的，是怎麼樣的契機開始學習設計與程式？又是如何學習的呢？

A——我從新聞系畢業後，在思考未來時就去找系上的教授聊聊，問他如果我想要在國外找工作的話該怎麼辦？當時甚至還想去念國際關係。後來他就建議我去國外做新聞，並推薦我去柏克萊跟史丹佛旁聽一個星期。好不容易存到機票錢飛去美國旁聽後我完全被嚇呆了。後來回來就跟我一個很熟的外籍朋友聊我受到的啟發，結果我才知道他是在《紐約時報》做資料視覺化的，於是我就逼他教我設計。後來他在紐約時報做完，還去哥大教書，是個奇葩。我們每個禮拜進行一個課程。那時我每天都要讀塔夫特的書，上課時跟朋友討論，每個禮拜還要做出一個跟《紐約時報》一模一樣的作品，我的很多技術都是在那個時候練的，這樣的課程大概維持了半年吧。

Q————————請問你在《紐約時報》及《華盛頓郵報》的工作及職位內容分別是什麼？在裡面工作的人通常是怎樣的人？

A——我在《紐約時報》負責的工作從找資料、研究、採訪，到設計、寫程式，整篇的製作我都會參與或自己完成，但不一定每則新聞我的工作範圍都那麼大，有時候也會小組作業。而在《紐約時報》中，人才分兩種：一種是全才，一種是某一領域專才。我自己的話會比較想往全才的方向努力，因為我是念新聞的，所以其實我不把自己當作是設計師或工程師，我的本業還是做一名能發現好新聞的記者。設計跟程式都是我拿來做新聞的工具。

Q————————《紐約時報》或《華盛頓郵報》在製作資料視覺化圖表時最重視什麼？

A——《紐約時報》最重視的東西就是在新聞中你最想表達的新聞點有沒有清楚地表達出來，有沒有被其他不必要的噪音干擾。其實很多來自設計或工程背景的人有時候會被自己的專業限制住，太過於追求做出來的形式，有時反而會過於複雜無法讓觀眾一目了然。

Q————————在《紐約時報》實習了多長時間？做了幾篇報導？

A——我在《紐約時報》待了三個月，做了十幾篇新聞，有一半以上

都是幫忙做圖，大概有三到四篇是自己獨立完成的報導。其實在那段時間我的寫程式能力也並沒有變很強，主要的學習就是如何做世界一流的新聞。

Q————————那你在《紐約時報》的部門層級是怎樣的呢？

A——我們的部門每一個人的職稱都是 Graphic editor，大概四十個人裡面只有兩到三個資深編輯（Senior editor），是很扁平化的組織。

Q————————可以與我們分享一下《紐約時報》的工作流程嗎？

A——通常要做一篇報導時，我會規劃一個主題底下會有三到四個重點，每個重點會搭配一個視覺化圖表。若是有團隊分工的話，通常就是以重點來做分配，而且不同的新聞類型的分工型態也都會有所不同。

在《紐約時報》的話通常是大家會聚集起來，自己找團隊做有興趣的新聞。而《華盛頓郵報》則是每天都會有主管指派任務。

Q————————那如果是你自己一個人做新聞，你的流程會是什麼呢？

A——我自己的製作流程是確認了主題後，去找新聞點。找新聞點

第一件做的事就是查資料、找數據，並找專家討論數據是否正確有代表性，待來源數據確認後才會再進一步去分析看看有無新聞點，並依據新聞點去做資料視覺化。一篇報導可能就涵蓋了四到五個新聞點，而資料視覺化大多是用來支撐新聞點的論述。我比較常用的工具有像是D3、Ai 以及R。而資訊圖像化是我比較少做的，因為我希望讀者可以更直接地看到新聞本身的重點，過多的圖像化反而會讓讀者分心。

Q────────《紐約時報》給了你怎樣的訓練讓你在資料處理／分析這方面的能力變得更好？

A──我在《紐約時報》工作就像是把一隻旱鴨子被丟到水裡一樣，載浮載沈只能自己摸索想辦法。

《紐約時報》的做法通常都是指派一個主題給記者，像是中國霧霾這樣的大主題，記者必須自己獨立作業完成整篇報導，包括想辦法找資料、專家學者、構想資料呈現方式，紐約時報只會給一些大方向的建議。

Q────────你覺得你在《紐約時報》工作的最大收穫是什麼？

A──最大的收穫是拿到一個頭版吧！（笑）

這三個月來學習到最多的是如何做一個好新聞。我以前做新聞時也偏向將所有的數據都呈現出來，報導變得龐雜，但現在我在提煉資料、找到新聞點的能力都有很顯著的進步，我開始知道如何做出一則對讀者真正有價值的新聞。要培養對新聞的敏銳度我覺得有個資深的編輯帶領也是一個重要的關鍵。在做新聞的時候你應該心裡要有一些假設，並透過數據去驗證，從中找出一再重複的模式或是趨勢，最後才能揭示一些資訊，這些都是要靠不斷實作累積的。

Q──────第一週在《華盛頓郵報》工作的心得是什麼？

A──覺得自己變強很多。這個禮拜我已經做四個東西了。

Q──────《紐約時報》與《華盛頓郵報》的異同之處？

A──我覺得兩個團隊其實滿像的。有一個差別是《紐約時報》比較要求 Graphic editor 自己可以做採訪、報導、做圖，像是獨立的新聞室，只做自己的新聞，目前《華盛頓郵報》也正在往這個方向走。附帶一提，大部份的資料視覺化都是解釋性新聞，所以不太需要很大量的文字工作，不像報導文學對文字的要求那麼高。

兩家媒體給記者的自由度都滿高的。像我最近在《華盛頓郵報》只是提了一個點子，結果三個部門的人就都被抓進來開會討論，我只是一個實習生耶！

但我覺得《紐約時報》的自由度還是略高，大家都以為《紐約時報》有很多規範，但其實沒有，做久了就會自然而然被同化了（笑），《華盛頓郵報》反而比較會有對細節的要求。

Q————————對於互動式的資訊圖表，你有提到捨棄太複雜的互動及視覺細節，你覺得比例該如何拿捏？或有哪種圖表適合高互動、反之亦然？

A——我認為拿捏的標準就是看讀者會不會在閱讀資訊的過程中因為互動受到阻礙。像是台灣有很多人喜歡用 Hover over 的互動，即是在使用者將滑鼠移過去時，資訊會被揭露，但其實很多讀者不會在乎那麼細緻的數據，他們只想看整體趨勢。

Q————————行動裝置對視覺化圖表影響的趨勢產生什麼影響？

A——目前《紐約時報》做的互動愈來愈少了，因為平台轉換的關係，現在50%以上的讀者都是用行動裝置來瀏覽網站。而且長期以來我們一直有在追蹤網站上的每個按鈕，結果發現讀者根本不會去點開那些互動按鈕。所以現在《紐約時報》做互動的標準非常高，因為只要一投入就是非常高的時間與人力成本，一定是必要且對讀者理解資訊有幫助的才會考慮做互動。其實我認為沒有東西是一定要互動的，通常都可以用很好、更有效率的設計避免掉。

但有一種互動我們做得愈來愈多，那就是 Scrolling（滑動）。因為它非常直覺，不論在電腦還是手機上的操作都是用滑動的，在滑動的過程中觸發一些資訊圖表，這對使用者來說是非常自然的，不會造成讀者障礙。

除了 Scrolling 之外，現在的趨勢慢慢回到了以前單純的平面圖表，除了可以節省三到四個小時的作圖時間外，若善用一些圖像編輯工具也可以更有效率的製作。像是《紐約時報》發展出的開源工具「AI2HTML」，它主要的功能就是在 Ai（Adobe 製圖軟體）中做出來的圖可以與字分離，字是屬於 HTML，所以圖完成後直接編輯字也不會變形。

Q————你覺得美國與台灣觀眾對於資料視覺化／資訊圖表的口味有差異嗎？

A——我覺得最大的差別是台灣做的資訊圖表分析的部分比較少，台灣常見的做法是將資料全部呈現給讀者，但《紐約時報》的做法會是牽著讀者的手，遵循一條清晰的資訊判讀路線，讓讀者很容易地掌握資訊。

Q————好的新聞點有什麼共通點嗎？

A——就是要讓讀者覺得有新意，要讓讀者學到東西，而不是看完後只在心裡浮現：「喔，然後呢？」的想法。

────────資訊圖表對於新聞的協助跟重要性？

A──我認為資訊圖表分兩種：

1 用來證明一篇報導，做到文字敘述無法做到的事，並幫助讀者理解。舉例來說像是奧蘭多槍擊案，用地圖或平面圖論述槍手射擊地點的演進比用文字敘述來得有效率，但這個圖表本身不是一個新聞點，是偏輔助性質的。

2 重點是在數據上，視覺化可幫助讀者更輕易地掌握洞見，這類型的圖表本身通常就是該篇報導的核心新聞點。

Q────────會訂立特別的目標群眾嗎？

A──不會，我們將閱聽人設定成是世界上的任何一個人。

Q────────怎麼評估一個作品是完整的、有達到目標？會做測試嗎？還是有個主要的人做判斷？

A──我們網站上的資料視覺化互動所有按鈕都會被追蹤及分析。三、四年前的《紐約時報》很追求互動設計，但發現其實讀者都不會點那些按鈕，所以他們就開始慢慢調整。紐約時報每篇新聞都會配一個資深的資料視覺化編輯，他們都會依狀況修改編輯的文字和圖，但每篇新聞都沒有通則的改法。

————台灣的媒體總是說製作時間很短是品質低落的主要原因，但其實《紐約時報》製作時間也很短，品質卻很高。你覺得造成這樣的落差原因是什麼？

A──我認為主要有兩個因素造成這樣的結果：

1 台灣技術層面還沒到，但經過練習我覺得是可以有很大的改善空間的。

2 新聞判斷能力需加強，這也是台灣媒體常常為人詬病的地方。

Q————對剛想要踏進資料視覺化領域的年輕人有什麼建議嗎？

A──我有三個建議：

1 一定要認真仔細地拜讀愛德華・塔夫特（Edward Tufte）的書籍，雖然很抽象，但全部讀完後受用無窮。

2 一定要會一個能夠處理資料的工具，不管是 Excel、Python 還是 R，就算是文字記者也應該要具備數據分析的能力。很多文字記者碰到數字習慣丟給工程師處理，但就我看來，很多很有價值的新聞都埋藏在那些數據中，我覺得稱職的記者應該要有能力將那樣的故事挖掘出來。

3 對想專做資料視覺化的人我很推薦 D3 以及 Ai 這兩個工具，這兩個工具在國外非常普遍。

The New York Times

Saturday, February 6, 2016   📰 Today's Paper   ■◄ Video   ☀ 48°F   Nasdaq -3.25% ↓

World   U.S.   Politics   N.Y.   Business   Opinion   Tech   Science   Health   Sports   Arts   Style   Food   Travel   Magazine   T Magazine   Real Estate   ALL

Agencies Battle Over What Is 'Top Secret' in Clinton's Inbox

By STEVEN LEE MYERS and MARK MAZZETTI

At the center of the argument over Hillary Clinton's emails, officials said, is a Central Intelligence Agency program that is anything but secret — its effort to kill suspected terrorists with drones.

■ 363 Comments

· Clinton Lobbied on Health Care as Secretary of State, Emails Show

📰 ELECTION 2016

Rubio Turns Toward the Personal on the Campaign Trail

By MICHAEL BARBARO and JEREMY W. PETERS

Senator Marco

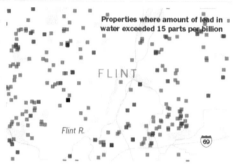

Properties where amount of lead in water exceeded 15 parts per billion

FLINT

Flint R.

69

A Closer Look at High Lead Levels in Flint

By JEREMY C.F. LIN and HAEYOUN PARK

Maps show almost 400 properties in Flint, Mich., that registered high levels of lead in their drinking water. Not all properties have been tested, and there are probably more with unsafe levels.

Virginia Tech Team Helped to Sound Alarm in Flint

By MITCH SMITH 6:08 AM ET

Young scientists and their professor fought to force Michigan officials to acknowledge the elevated levels of lead in drinking water. Now, the government has requested the team's help.

The Opinion Pages

The Republican Refusal to Aid Flint

By THE EDITORIAL BOARD

The city's residents need support now and a long-term commitment for help in decades to come.

· Editorial Observer: Clinton Is Sounding More Like Sanders
· Collins: Martin Shkreli and the Things We Love to Loathe
· Egan: Reading Rock Star Obituaries

Op-Ed: T-Shirt Weather in the Arctic

By MARK URBAN and LINDA DEEGAN

As the planet warms, we need new approaches to identify which species and ecosystems are most at risk.

· Jacoby: Sick and Tired of 'God Bless America'
· Taking Note: The Latest Jobs Report Cuts Both Ways
· Join us on Facebook »

Notes From the Zika Beat: Heartbreak at the Hospital

1972 | 'More Than a Fringe Candidate'

 Insider

Weekend Reads

Janet Napolitano Reviews Peter Bergen's 'United States of Jihad'

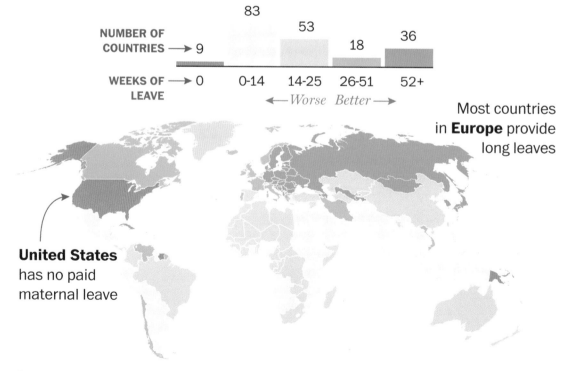

Paid maternal leave around the world

NUMBER OF COUNTRIES →	9	83	53	18	36
WEEKS OF LEAVE →	0	0-14	14-25	26-51	52+

←— *Worse   Better* —→

Most countries in **Europe** provide long leaves

United States has no paid maternal leave

Source: WORLD Policy Analysis Center, 2014 data

JEREMY C.F. LIN/THE WASHINGTON POST

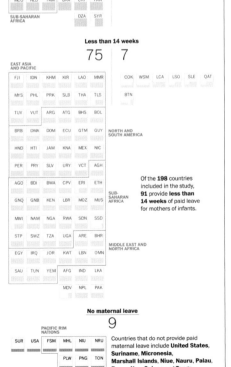

Paid maternal leave around the world

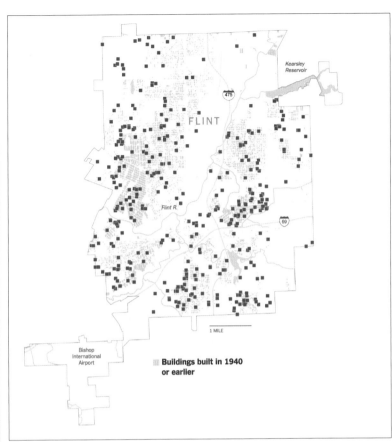

Buildings built in 1940 or earlier

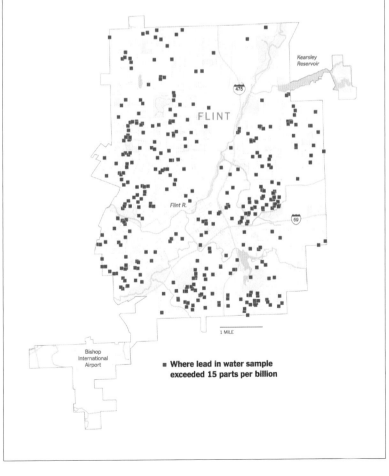

Where lead in water sample exceeded 15 parts per billion

3-3

訪談主題
台灣媒體的資訊視覺化大環境觀察

聽前輩分析台灣發展資訊圖表的脈絡和大環境真的很過癮，從跨領域的涉獵到媒體環境觀察，了解自身的限制和弱勢以後才能開創更多突破與創新，更難得的是，從基礎入門到鑽研深造，李怡志都推薦了許多好的學習磨練管道，相信看完訪談後你的收穫也會和我們一樣多！

關於李怡志

資深網路媒體人、圖表達人

在網路與媒體界累積了十五年以上的經驗，工作範圍包含內容採訪、編輯、策劃與產品管理。作品曾經獲得行政院數位金鼎獎、Yahoo! 編輯獎，並曾入圍地位相當於網路普立茲獎的美國網路新聞獎（Online Journalism Award）；經常在各級學校與企業演講及教學，主要題目以「網路媒體」、「社群媒體」、「簡報」與「圖表」為主。

Q————是怎麼樣的脈絡與背景導致你想做這樣的事情？

A——我自己的本行是念建築和都市計畫，而建築有一條脈絡是非常視覺化的，要用圖去表達參與人之間的關係、空間之間的關係，並且分類、整理、索引。

1992年左右在台灣唸書時，覺得自己在製圖方面並沒有很厲害，但之後到德國讀書時，一畫下去，透過同學的反應才知道自己畫圖好像不錯。回台之後，對網路有很大的興趣，開始大量地看很多國外的網站，在1999年到2000年之間發現國外這個領域做得很不錯。

在1999年到2000年時，網站流行有很多的tab，裡面其實有很多視覺化的東西，也直到那時才知道原來這是一個知識領域。

Q————你覺得台灣媒體資訊設計這方面跟國外最大不一樣的地方在哪？要如何改變？

A——台灣環境跟國外最大的不同，就是閱聽人比較少有機會看到正確且好的圖表。以前大多人都還在看平面報紙時，其實是有很大的空間放置圖表的，但那時並沒有發展好。最大的原因，我覺得是媒體的最高層大多是文字記者，所以一直是以文字為主導，缺乏真正詮釋資料的圖像設計師。而國外很早就開始有設計師進入報社，雖然也很少聽到當到總編輯的，但還是有。

台灣的媒體，應該要知道什麼樣的故事適合什麼樣的敘事方式。像我一直在教圖表，但到後來我漸漸減少教圖表製作，教表格比重卻漸漸增加，那是因為我發現很多人其實連表格都做不好，圖表連帶地也不會做好。

要如何改善這部分，對媒體人而言，大學時應該就要有相對應的課程；而對閱聽人的話，則是多看就會進步，但台灣高品質的東西不多，閱聽者看得少又難看到好作品，提升品味還有一段路要走。

Q————————製作圖表上，你覺得一定有什麼需要去思考？

A——我覺得不一定要畫圖，若文字可以解決的，就用文字就好；如果一定要畫圖，就要去想畫圖能解決什麼文字不好處理的問題。我自己教學生的時候，會告訴學生多看新聞報紙，當你大量地閱讀新聞的時候，你就會去想「是不是這則新聞少了什麼東西？」，比如地理的新聞，大多一定要配地圖，那這時候就要去思考畫地圖要解決什麼問題。

Q————————有沒有哪種資料是文字通常沒辦法處理好，要用圖像的方式處理？

A——地理的、流程的比較我一定會畫圖；數據的不一定，要看狀況，有些東西要藉由畫出來，才會浮現意義。台灣人不太會畫流程圖，像是流程、分類、概念、關係、結構都是。

A—最重要的是先去想讀者看完這張圖，會不會接收到你想呈現的資訊。這是很多人會忽略的地方，叫做「知識的詛咒」。因為製作圖表的人很了解這些資訊，所以畫圖時會很難轉換到閱聽者的角度去想。要避免最後閱聽者看不懂的方法，就是將作好的圖先拿給別人看。但我認為製圖經驗愈久的人，就越容易從到閱聽者的角度去做設計。

而圖表製作者很常犯的另一個錯誤，就是會把圖畫得很複雜，將所有的資訊全部都放在一張圖裡，雖然讀者看了也會覺得你很厲害，但最後會不知道你要講的重點是什麼。

改造圖表來說，你的流程大概是怎麼樣？到一張圖表時，要立刻忘掉這張圖長什麼樣子，並一開始去還原圖表的原始資料。

通常表格的標題都會是對的，你可以想你拿到這樣的資料，怎麼樣去達到那個標題要講的事情。

我們很難從圖去改圖，若某張圖是我們可以直接改的，通常都是小錯誤而已，所以基本上都要將圖表還原到表格的程度，才能做出比較大的改造。

Q————————可以推薦入門圖表設計這一塊的書籍嗎？

A——推薦《*Say it with charts*》，這個作者在麥肯錫畫圖畫了四十年，擁有相當豐富的經驗。

Q————————對亞洲這塊領域的看法呢？

A——日本有一間跟你們（Re-lab）很類似的公司叫做「TUBE graphics」；香港做得不錯的如《南華早報》，他們在國外常常得獎，他們設計師都不是當地人，是西班牙語系的人。

Q————————你的部落格提到說台灣在辦了一場視覺化新聞營後，整個產業應該會開始有些進步，你覺得有嗎？

A——台灣的話，像是《聯合報》和《天下》都有慢慢重視這塊。

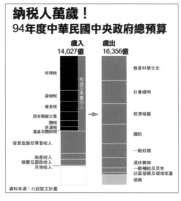

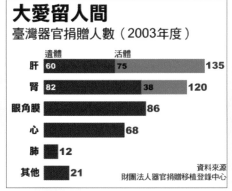

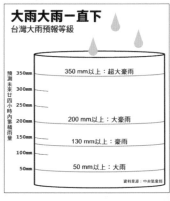

Q————————你覺得怎樣算是一張好的資訊圖表？

A——這個問題滿複雜的，因為做圖表有很多不同的情境，若就商業方面，可能就是有沒有達到目的這點。

Q————————若對新聞產業這塊相當有興趣的新鮮人，或對於想進入這行的新鮮人，你有什麼建議嗎？

A——媒體要做視覺化的溝通，其實也是分很多條路可走的，台灣人大部份都只看到量化的資訊視覺化，但其實還有像「大版面設計」這個領域。

國外有一個特色，是他們的環境可以培養多合一的人才，從繪圖、採訪到編版都可以一個人完成，台灣就比較缺乏這樣的人。我覺得很多台灣人會自我侷限，這是跟國外比較不一樣的地方。

所以我建議培養能力的第一步，就是多看國外的好作品，像是圖像設計和版面設計高度結合的這一派，台灣幾乎看不到；帶數據視覺化的作品，在網路上雖然可以找到一些台灣的作品，但國外的作品還是佔了大多數，例如《紐約時報》、《經濟學人》就做得不錯、值得參考；而描述關係脈絡的這類圖表，則可看日本的《朝日新聞》。

3-4

Re-lab 設計師資訊圖表製作經驗分享

看似平凡無趣的資訊到底怎麼轉換成有趣的資訊圖表？再怎麼冷的知識通過劉家瑋的腦袋，只要有擦出火花，就一定能變出讓人眼睛一亮的作品，設計師的腦袋構造有什麼特別的地方？讓我們一起跟著劉家瑋的思路走一遍，透過訪談從不同的腦袋中體驗創作的樂趣！

關於劉家瑋

台灣冷知識達人、Re-lab 共同創辦人

平面設計師、Re-lab 的共同創辦人。大學唸台大工商管理學系，自學設計，參與 Re-lab 許多商業專案，並也自發性製作許多資訊圖表，如台灣小吃、國情統計、圖解健美比賽七大姿勢等，在設計資訊圖表領域擁有相當豐富經驗。

Q————————當腦中有一個可發展的主題成形時，會如何規劃專案時間？

A——通常有一個主題想法的時候，腦中會有初步的構圖，再去找這樣構圖要呈現的資料。例如像「台灣小吃」，就是先想形式的構圖，再去找這樣構圖的資料。

Q————————做一張資訊圖表會花很長時間嗎？平均花你多長時間？

A——需要視形式和風格而定，但大概能在兩週內結束。

Q————————平常是怎麼蒐集、發想主題的？

A——我的電腦裡面有一個隨時記錄靈感的資料夾，想到什麼主題就先將它開一個資料夾，之後若找到什麼參考也會將它放入這個資料夾，另外我也會隨時用 Evernote 記錄靈感。

Q————————怎樣的資料適合拿來用資訊圖表的方式呈現？

A——要有可以呈現的數據，例如年份、金額等，若沒有的話，也要有可條列式的資料，例如五大XXX。還有最好要有可以比較的對象，例如今年度和去年度營收比較。

Q————你覺得訂立目標跟溝通對象是在專案開啟前必要的嗎？
是怎麼訂立目標及溝通對象的？

A——我會在專案開啟前確立目標，確立目標之後對溝通對象會有
一個初步的想像。接著會去瞭解溝通對象的背景資訊（例如性別、
年齡、職業、對主題的熟悉度等），以「換位思考」、「以人為本」的
原則發掘目標對象的深層狀態，並且透過訪談及同理心地圖等設計
工具，對目標族群的資訊進行歸納與關聯建立全面而深入的認識。
有了目標族群的具體形象之後，發想畫面的時候便可以想像自己正
在和目標族群對話，思考怎樣的故事和情境能夠引起對方的興趣、
怎樣的譬喻和說明方式能夠讓對方理解。

Q————平常會使用什麼發想工具嗎？是心智圖之類的？

A——我會用有點像心智圖的東西，去想事物的關聯，例如主題訂
「妖怪」，把聯想到的事物都列下來，如魔神仔、上班族等，藉由這
樣子的方式，也能讓我去想畫面的編排。

Q————如何確定呈現方式？ 平面、gif、懶人包等？

A——我主要都以平面設計為主，因為平面設計的泛用性比較高，
例如要延伸到海報上使用都比較方便，而且我認為若可以用一張圖
完整表現的話，就盡量用一張圖就好。也因為我是平面設計師，做
平面是我比較可以掌控的，自己獨力就可以完成了。

Q————————你是怎麼判斷哪種資料類型適合用怎樣的圖表呈現的？

A——常見的圖表類型大概就是直條圖、圓餅圖和折線圖這三類，我覺得直條圖是很適合圖像化的圖表，因為資料間彼此獨立，一個個長條容易用其他圖來取代，但像圓餅圖比較的方式是用角度大小呈現差異，就難以用其他方式圖像化。此外，我覺得若這個畫面主要都是純粹以圖表呈現，沒有很多需要圖像化的地方，就可以選用一些比較特別的圖表。

Q————————最喜歡、常用的風格參考平台是？

A——Behance最常用，偶爾會用Pinterest。

Q————————資訊圖表通常會含有大量的資訊，請問你都是如何安排資訊層級的？有什麼訣竅嗎？

A——版面最大的資訊、最重要的資訊我覺得只能有一個，但次要的階層我覺得就可以同時有多個。例如最重要資訊佔40%，就不能有其他資訊也佔40%，次要層級的資訊佔20%，就可以同時有多個都佔20%。

Q ──────── 會在製作的過程中請符合目標群眾輪廓的觀眾測試嗎？

A──我自己的個人作品幾乎沒有做這一個步驟。

Q ──────── 問了100個人就會有100種意見，請問你是怎麼在眾多的意見中取得平衡呢？

A──我會把意見分層級，例如說字調大一點、圖往左一點等這種不造成畫面結構改變的意見，會依製作時程看狀況修改。若會影響結構的，會再多問兩到三人的意見，但若調整規模太大的，我可能就會先忽略。

Q ──────── 你會如何評估自己的作品是否有達到目標？

A──會看粉絲專頁反應，如果反應不好可能會自我檢討，作為下次作品要注意的地方。

Q ──────── 當初是如何入資訊圖表的坑的？

A──剛開始接案時，有一個案子是關於製作資訊圖表的，從這個開始之後，就接到越來越多資訊圖表的案子，發現到這個市場滿大的，算是誤打誤撞。

Q————你覺得資訊圖表未來的發展是？

A——因為閱聽人閱讀習慣的變化、載體的變化，我覺得未來會有更多跨領域的合作，例如將資訊圖表設計原則應用在介面設計，在一個畫面內用最有效率的方式傳達資訊。

Q————你覺得怎樣算是一張好的資訊圖表？

A——架構明確，可以一眼就看出這張圖要講什麼；要整張圖是一個整體，而不是被切割成很多部分，彼此好像沒關聯。

Q————自己最滿意的一個作品？

A——可能是「台灣小吃」這個作品吧，因為原本作品是一個平面，後面變成動態，效果出乎意料之外的好，算是滿滿意的作品。

Q————對剛想要踏進資訊設計界的新銳設計師有什麼建議嗎？

A——要有對事物的好奇心、要有自己的風格。

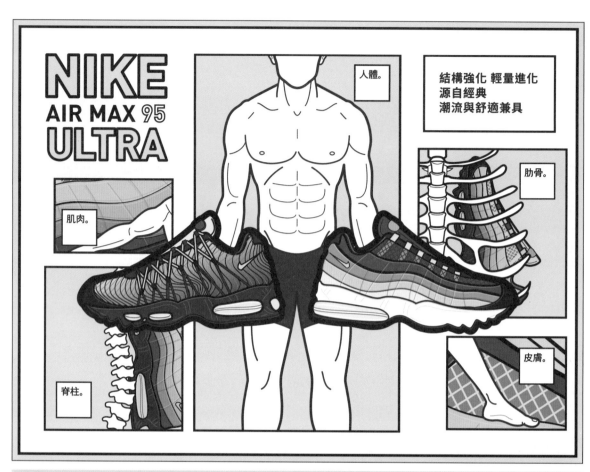

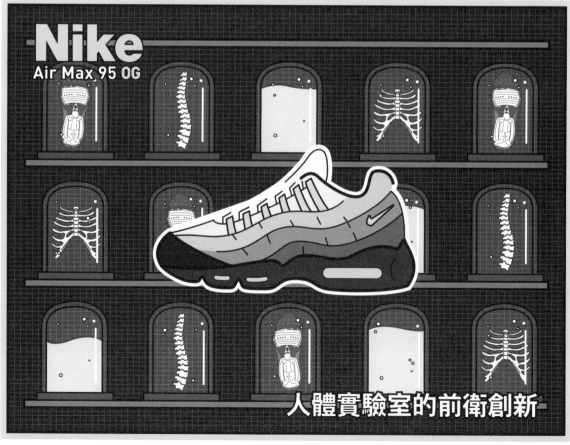

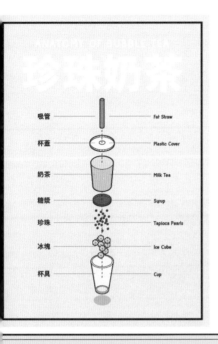

珍珠奶茶
ANATOMY OF BUBBLE TEA

吸管	Fat Straw
杯蓋	Plastic Cover
奶茶	Milk Tea
糖漿	Syrup
珍珠	Tapioca Pearls
冰塊	Ice Cube
杯具	Cup

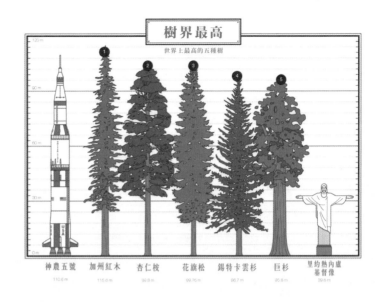

樹界最高
世界上最高的五種樹

| 神農五號 | 加州紅木 | 杏仁桉 | 花旗松 | 錫特卡雲杉 | 巨杉 | 里約熱內盧基督像 |
| 110.6 m | 115.6 m | 99.8 m | 99.76 m | 96.7 m | 95.8 m | 39.6 m |

台灣魔神仔図鑑

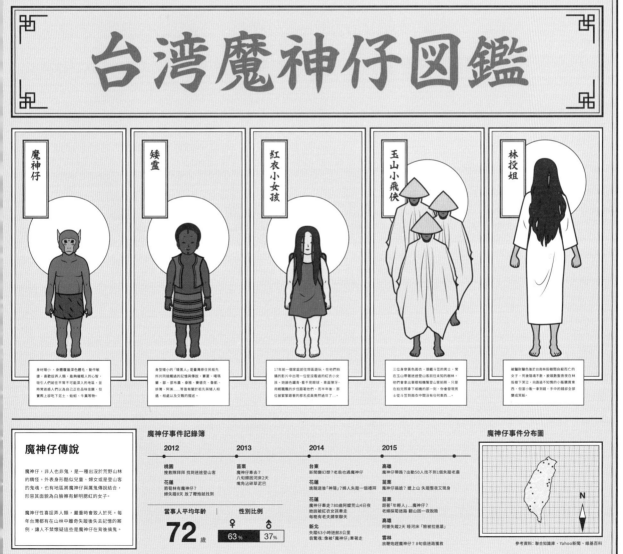

魔神仔
身材矮小，身體覆蓋深色體毛，動作敏捷，喜歡捉弄人類，最喜愛捕人的心智，常引人們前往平常不可能去入的地區，並時常迷途人以為自己正在品味佳餚，但實際上卻吃下泥土、蚱蜢、牛糞等物。

矮靈
身型矮小的「矮黑人」是賽夏族住民祖先所共同接觸過的記憶與傳說，賽夏、埔瑪蘭、邵、卲布農、泰雅、賽德克、魯凱、排灣、阿美⋯⋯等皆有關於矮黑人相遇、相處以及交戰的描述。

紅衣小女孩
17年前一個家庭前往郊區遊玩，在他們拍攝的影片中出現一位紅衣看過的紅衣小女孩，地貌色蒼白、有雙怪手，用飄飄的步伐跟著他們，而半年後，那位被驚嚇到的男成員後自然然亡了⋯⋯

玉山小飛俠
三位身穿黃色雨衣、頭戴斗笠的男士，常在玉山帶著迷途登山客前往未知的樹林，他們會告示沒被嚇登山客拍照，只是在拍完原手下相機的那一刻，會會發現男士頭斗到到附近中間沒有任何竟⋯⋯

林投姐
被離別顏色塗於森林投樹間自縊而亡的女子，死後唱綿不斷，被國數數夜夜夜在林投樹下哭泣，向過途不知情的小情買賣東西，但當小偷一串銅錢，手中的錢總全部變成冥紙。

魔神仔傳說

魔神仔，非人也非鬼，是一種出沒於荒野山林的精怪。外表身形酷似兒靈、婦女或是登山客的鬼魂，也有地區將魔神仔與鬼傳說結合，形容其面貌於白臉擦有鮮明艷紅的女子。

魔神仔喜歡弄人類，嚴重時會致人於死。每年台灣都有在山林中離奇失蹤後失去記憶的案例，讓人不禁懷疑這些是魔神仔在背後搞鬼。

魔神仔事件記錄簿

2012	2013	2014	2015
桃園 搜救師拜拜 找到迷途登山客	**苗栗** 魔神仔帶去？ 八旬嬸困河床2天 嘴角沾碎草泥巴	**台東** 新聞變幻想？老翁也遇魔神仔	**高雄** 魔神仔帶走？出勤50人找不到1個失蹤老農
花蓮 荒郊林有魔神仔？ 婦失蹤8天 放了糧炮就找到		**花蓮** 遺離遊走「神隱」？婦人失蹤一個禮拜	**苗栗** 魔神仔搞絡？遺上山 失蹤整夜又現身
		花蓮 魔神仔帶走780歲阿嬤覓山4日夜 她跟被紅衣女孩牽走 每晚有老夫婦來聊天	**苗栗** 跟著「年輕人」⋯魔神仔？ 老翁採菇迷路 翻山調一夜脫險
		新北 失蹤63小時迷航8公里 翁驚魂!像被「魔神仔」牽著走	**高雄** 阿嬤失蹤2天 睡河床「睡被拉進墓」
			雲林 放糧炮找魔神仔？8旬翁迷路獲救

當事人平均年齡	性別比例
72 歲	♀ 63% ♂ 37%

魔神仔事件分布圖

N

參考資料：聯合知識庫、Yahoo新聞、維基百科

3-5

資訊圖表製作之經驗分享

如果你重視社會設計和社會參與,那麼這則訪談內容一定能帶給你很多啟發。資訊圖表最重要的功能就是「溝通」,但是其實「溝通」早在製作前和製作的過程中就已經不斷在發生,吳培弘為了用資訊設計改變社會上的問題,其中遇到「溝通」的挑戰想必不少,資訊圖表設計師的溝通力都藏在這篇訪談的字裡行間裡。

關於吳培弘

致力於資訊設計之社會參與、Re-lab 共同創辦人、
Info2Act 共同創辦人

資訊圖表設計師。就讀於台大生態所,有感於台灣生態及科普教育推廣不普及,因此試圖用資訊設計的方式推廣。他相信資訊設計可以達到知識傳播的目的,甚至也能讓人行動的改變。作品包括《亞斯的厚帽子》、《群眾募資報告》、《浪孩起步走》、《老鷹想飛》等。

A──了解問題：若講商業案的話，因為通常客戶都會很快就陷入結果，比如說他們覺得這個專案適合做懶人包，但我通常會先退一步，先去跟客戶深入訪談，並了解這個專案的利害關係人，像是一些新創的頭，他們可能只是這個利害關係中的一環，但若去問業務，也會發現他們另一個角度的需求。所以透過訪談利害關係人，去全面了解這個問題的現況。若客戶不是這個領域的專家，也還會去詢問相關領域專家。

若是自己想做的專案的話，像是亞斯伯格專案，我們會先去找亞斯伯格症患者，了解他們的心路歷程，或是患者的爸媽、朋友了解要怎麼跟患者互動等，另外我們也會去問亞斯伯格相關的專家，例如精神科醫師，了解患者們通常會遇到什麼問題，或者有什麼知識是一定要給觀眾知道的。

確立溝通目標：例如今天希望做一個關於戒菸的科普文章，通常科學人的角度可能就是給你看肺的狀況、抽菸所造成的死亡率，可能只是讓人了解到吸菸很可怕，達不到要戒菸的目標。所以要去確立目標，比如說可能只是希望把某個東西講的清楚，像是教科上的圖解，有些可能希望有 call to action（呼籲去行動），像是希望你去下載、購買、捐款等，去改變一些行為。

了解溝通對象：像是前面講到的吸菸的科普文章，若不了解吸菸的人是怎麼想的，有可能下標第一段就踩到人家地雷。又像是有些社會議題是有兩方對立立場的，可能有一方想要說服另一方，但若不了解對方，很多時候都只是激化對立而已。如果溝通對象對這議題以往比較沒有接觸過，其實是很好置入，但若溝通對象本來就有一些立場，比如說反同志，那我們就要深入了解他，了解他為什麼要反，思考要從什麼方向切入。所以了解溝通對象，找到好的策略，才能達到前面的溝通目的。

安排資料：針對前面步驟訂出來的面向蒐集可以說服的工具，像是各種資料、資訊、量化的數據、質化，在看這些要怎麼組織成一個故事。不同的對象接收的管道也不一樣，例如年輕人可能多是從 Facebook 或從部落格接收資訊，老一輩的可能就用 Line 上的圖、或實體的書等等。

測試：不同的專案有不同作法。但因為我現在的團隊都較小，所以是採用敏捷開發的方式，可能做一下 Prototype（樣品），讓使用者看一下他們有沒有興趣、會不會被說服、可不可以理解。通常會在處理資料的時候會給別人看過一次，草稿的時候也會在給別人看一次。得到的意見，我們會自己去判斷意見的價值。有時候若感覺到客戶對畫面其實已經很有想像了，其實我們也會和客戶一起溝通討論，請客戶畫出他想像中的圖，這樣彼此也能減少作品成品的落差。

A—最花時間是使用者研究，再來是資料處理。

現在坊間在做資訊圖表的人很多不太重視使用者研究的價值，大部份的人對這部分的了解只是覺得它是找使用者做訪談而已，但其實它有很嚴謹的方法。

資料處理也是很重要的部分，像我們做流浪動物專案，資料處理花了最多時間，它會影響到你這個作品的目的有沒有達到、策略對不對、資料有沒有公信力等，而且每個領域的資料可能都有不一樣的處理方式，有時候你可能問了很多專家的意見，還必須要去多方查證。所以我覺得資料處理是設計師最需要花時間處理的地方，也是一個設計師的責任，設計師需要做資料的把關，就算你不是這個領域的專業，你也要想辦法去處理它。

而之所以我覺得這是設計師的責任，是因為我覺得現在有很多資訊圖表只是在做圖像化，但資料處理得很淺，所以你可能看到很多漂亮的圖表，但接收到的資訊可能是垃圾，像是以前是資訊爆炸，現在可能是資訊圖表爆炸。

Q————————做一張資訊圖表會花很長時間嗎？平均花你多長時間？

A——看規模。小規模（四到五張資訊圖）的可能兩個禮拜就結束，但前面講的專案流程可能就不會每個流程都跑到，比如說可能沒空做使用者研究，或是客戶沒預算的話，就會將使用者研究這塊精簡；大規模的話，可能就要到三、四個月。

Q————————平常是怎麼蒐集、發想主題的？

A——像伊波拉、亞斯是我想嘗試資訊設計向大眾溝通科普議題的價值。一開始我會從醫療的原因，是因為我本身是念生態的，但因為這個專業太冷門了，大眾對這個興趣不大，所以我傾向先找一個複雜、抽象，但又與大眾有連結度的主題，所以就往醫療、保健方面發展。做了之後，效果還不錯，之後我有做老鷹想飛，那是我自己去找台灣猛禽研究會談的合作；流浪動物則是我想做一個跨領域的議題，它是在講飼主責任教育，需要很多不同領域的專家，像是獸醫、社會學家、心理學家、動保法專家、民間NGO等，我們需要多方整合，想出一個策略向大眾傳達飼主責任，所以做這個專案我覺得影響力比較大，如果做起來應該滿厲害的，也可以讓我看出資訊設計在這塊能產生什麼價值。

我有點子的話，就會直接「寫在」筆電上，把Notebook當作

Notebook寫。實行之後的點子我就會把它擦掉。我也會記錄在筆記本上,並拍照起來。通常我大概有兩、三個同時在做的東西,而我的靈感就會建築在這兩、三個主題加成上去,而不是去一直想很多其他主題。我比較會想要先把一個領域的議題做深,再去耕耘其他領域,因為我覺得先做出代表作是比較有意義的。

Q————怎樣的資料適合拿來用資訊圖表的方式呈現?

A——圖表的形式有一堆,不同的數據、不同的目的會有不同的視覺化方式。我覺得資訊圖表不一定要圖表,我覺得是翻譯的問題,才會有「圖表」,讓人以為一定要有圖表。

Q————你覺得訂立目標跟溝通對象是在專案開啟前必要的嗎?是怎麼訂立目標及溝通對象的?

A——設定溝通目的的時候就會對想要跟誰溝通有個想像。

像亞斯伯格案想要溝通的人就是一般年輕人,主要是因為大部份的年輕人對亞斯伯格其實都不太清楚,若自己有亞斯伯格的特質你要怎麼尋求協助,若身旁有亞斯伯格的人,那要怎麼去協助他們。

流浪動物的話,我們針對的是「可以溝通且被說服、理性的新手飼主」,因為他們是那種,不知道這件事所以才做錯的那種人,他們

可能小時候養過狗，可能因為不知道一些知識，所以不小心把狗養死了，所以我們希望透過散播一些正確飼養知識，他們看到之後就知道怎樣飼養。對於那種養狗只是好玩的人，不是想好好飼養，那種可能就不是我們的溝通對象；若要對長輩溝通這件事，可能就可以先從他的小孩，進而去影響他的父母。

所以訂立目標時，可以去想要達到這個目標的話，應該要靠哪一群人從事哪些行為才可以完成。但也有可能目標訂定後，去做訪談測試時，發現目標訂錯，這時就會做一些修改。

Q————平常會使用什麼發想工具嗎？像是心智圖之類的？

A——沒有什麼邏輯耶，隨性發揮。但就像我前面講到的，因為我同時會想做兩三個主題，所以我平常找靈感的時候都是帶著這幾個問題去找的，例如看書的時候，發現這本書對這個主題有幫助，我就會記錄下來。但我不會特別去整理資料，我大概就是做到知道這樣的主題能到哪裡去找資料的程度。

Q————最喜歡、常用的風格參考平台是？

A——Behance 和 Pinterest。

Q————資訊圖表通常會含有大量的資訊，請問你都是如何安排資訊層級的？有什麼訣竅嗎？

A——若要看哪些資料比較重要，哪些資料比較不重要，可以看提供這資料的專家是怎麼想的、看客戶最想呈現什麼。若自己想要做的專案，就可看我們的目的是什麼、希望觀眾看完圖之後得到什麼，那這個東西就會是最重要的。

Q————與其他人的分工模式？像是與文案、工程師或是動畫師的角色間如何配合？

A——了解使用者訪談這部分，團隊大家會分著做；資料處理會找專家，希望他們能協助判斷資料的公信力與正確性，那我們團隊的設計師就比較像扮演一個橋樑，連接專家與大眾，用比較貼近使用者的角度來參與資料處理這部分。資料處理完的話就由一些比較會說故事的人，如果是動畫的話，就會去想腳本、文案；若平面的話，可能就有一些要想劇情，那有一些可能就是順過邏輯而已。視覺設計師和文案必須要協作，他們最好彼此要對對方的作法要很熟悉，例如想這個文案，畫面好不好表現。這樣比較能有默契的產出內容。另外，不同作品有不同策略，有些可能還會需要用到粉專行銷，所以有時也會有負責行銷的人。

Q————————你會如何評估自己的作品是否有達到目標？

A—其實這個問題我一直也還在想，因為現在有很多懶人包，其實你很難量化最後他有沒有達到資訊傳達的目標。像是流浪動物計劃，我們開始可能會做一些 Prototype，去測試我們做的事情有沒有達到目標，比如說我們想要去說服爸媽改變行為，我們就會找身邊有這樣情境的人來做測試，看看這樣的敘事方式能不能達到這樣的目標。但真正要如何量化去知道有沒有達到目標，我還沒有正確答案。

Q————————若作品推出後受到不好的評價，會如何調適心情？有這樣的經驗嗎？

A—現在還沒遇到這樣的情況，但若遇到的話，我想就誠實以對吧！

Q————————怎麼進入資訊設計這個領域？

A—因為我一開始讀的是生態，我對生態的推廣、科普教育很有興趣，但這個領域的人擁有很豐富的知識，但都不知道該怎麼推廣出去。資訊設計必要的能力我都剛好沾到一點點，像我們科系在做報告時，就會在培養一些資料處理的能力，使用者研究這塊我在大學就有在研究，像是UX、訪談等。我覺得資訊設計可以達到知識傳播的目的，也可以達到行動的改變。

A——目前很有發展就是新聞業，這在國外發展已經很成熟，國內其實也發展的不錯，像是輔大、世新都把資料視覺化加入課程中，國內許多新媒體也慢慢投入資源。

我覺得只要在溝通有困難的地方，就有介入的空間，例如醫病溝通的領域，可以應用的領域非常多，所以就是看誰先做出好的作品。我現在也在嘗試用資訊設計解決一個社會問題，像以往的懶人包可能都有時效性，但像我現在做流浪動物計劃，我就希望飼主只要想養動物，都可以很輕易的接觸到這些資訊，它就會說服你去做對，我希望把這個時效性降低，所以我會跟很多NGO、中途合作，甚至希望把它置入學校課程中。

形式的話就是看目前發展的科技有哪些可以搭配著資訊設計，像是現在很紅的 AR、VR，以後一定也會有很多屬害的作品。

Q————————你覺得怎樣算是一張好的資訊圖表？

A——我覺得可以分成幾個層次來看。第一個是你做這資訊圖表的目的是否適當、立意良善，以及資料處理得好不好，舉例來說：像十大恐怖外食這種圖表，你的十大是怎麼計算的，通常都只是拿比較驚悚的食物來講，這樣做這張圖的目的可能就不純正，資料處理也不適當。

另外比較表層的就是視覺設計、圖表的選用，就是看有沒有忠實的呈現資料內容、有沒有讓讀者好去閱讀來做評判。

Q————自己最滿意的一個作品？

A——《亞斯的厚帽子》、《群眾募資報告》、《浪孩起步走》。

Q————對剛想要踏進資訊設計界的新銳設計師有什麼建議嗎？

A——我覺得要有對知識的渴求（好奇心）、要嚴謹，我覺得這兩個可能會是視覺設計師比較缺乏的，因為你要做資訊圖表的時候，就一定會有很多資料必須要去處理，不只是畫畫而已，你必須將這些資訊用適當的方式呈現出來。使用者研究這個觀念也很重要，因為做資訊圖表的時候，其實就是在做溝通，必須要用使用者的角度出發，但滿蠻多視覺設計師會缺乏這樣的觀念。另外就是跨領域合作的能力。因為視覺設計師、科學家要合作一個圖表，彼此背景的不同，一定要去了解對方是怎麼想的，並且也要很清楚自己不是在做一個藝術，是做資訊呈現這件事。

老鷹想飛

風吹過我的身體，輕拂著身上的羽毛，
好像在邀請我，到空中共舞。

再等我一下下，等我長大了，
我就能飛上天際，自在飛翔。

FLY, KITE FLY

牠叫 **白小三**
是研究人員觀察的一隻 **黑鳶**

隕落的老鷹

不過，為什麼我動不了，

只不過跟平常一樣吃了幾隻鳥、幾隻鼠，
翅膀卻再也抬不起來。
我的視線模糊，
巨大的痛苦在體內蔓延，喘息、悲鳴……

突然，所有感官瞬間消失。
我心心念念的天空，
這兒曾經是我的遊樂場啊！
卻再也回不去了……

白小三為何死亡？▶

中毒死亡的真相

農藥 & 老鼠藥 透過食物遞進入猛禽體內

誤食

鳥 ◀── ▌ **3/5** 黑鳶死於
　　　　好年冬（農藥）

老鼠 ◀── ▌ **5/8** 猛禽驗出
　　　　老鼠藥

農藥 & 老鼠藥 導致
貓頭鷹．貓．狗
也中毒

3/8 猛禽驗出 **DDT** 殘留

DDT是殺蟲劑，可能導致猛禽
蛋殼變薄，繁殖力下降。雖已
禁用多年，但仍殘留猛禽體內。

毒鼠毒鳥的惡性循環

速成的結果，對生態環境卻是傷害更大

毒殺成效不彰
小鳥和老鼠繁殖能力強，即使
毒殺，數量仍可快速恢復。

老鷹數量減少
1對老鷹每年只繁殖1至2隻，
數量一旦減少便很難回升。

用藥惡性循環
老鷹變少，小鳥和老鼠變更多，
生態失衡，用藥更重。

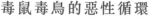

讓老鷹回到天空

你可以透過下列行動，幫助老鷹重現天際

支持友善環境農業
透過消費的力量，購買對環境、
對野生動物友善的農作物。

贊助猛禽研究保育工作
研究的資料是保育黑鳶的重要依據，
贊助請聯繫 **台灣猛禽研究會**
02-25630367

傳遞與分享
告訴更多人老鷹遇到的問題。
救老鷹就是救自己！

更多關於老鷹的故事，請看 **老鷹想飛**

台灣群眾集資報告

2011-2015 回顧 & 2016 趨勢分析

2012-2015 關鍵數據

四年咻～一下就過去了，進入 2016 之前
先看看過去的數字說了些什麼？

案件數量	贊助金額	贊助人數	人均贊助額	案件贊助比例

總案件數 | 案件成功率

💡 十倍的爆炸性成長

過去四年間，台灣群眾集資案件數量飆升了十倍之多！快速
成長的趨勢反映出群眾集資已從偶發性的群眾活動，變成創
業團隊能有效推廣產品與想法的通路選擇。

健康檢查的好處

定期健檢，是家庭獸醫給狗狗最好的禮物

活得好

根據檢查結果調整飼養方式
讓狗狗身心隨時在最佳狀態

活得久

早期發現、早期治療，可降低
大部分疾病風險，延長壽命

分散成本

定期檢查可避免狗狗累積多種
疾病，造成醫療費的龐大負擔

小知識1

狗狗一歲時已發育成熟，之後

每增加一歲相當於
人類老 4~6 歲

所以每年身體狀況變化很大

小知識2

狗狗習慣忍耐病痛

往往當飼主發現異狀時已經
過了最佳治療時機

7 歲以上
建議每年1-2次

一般建議**七歲以下每年一次**，
七歲以上中老年犬每年兩次

法律相關責任

"年滿 **20** 才能成為法定飼主，20歲以下以法定監護人為飼主"

良好照顧	結紮＆登記	嚴禁虐待	嚴禁棄養
提供動物適宜足夠的食物軟水、環境空間和必要的照顧。	飼主必須為動物絕育並為其植入晶片和辦理寵物登記。	無論故意或過失，嚴禁任何人騷擾、傷害及虐待動物。	嚴禁棄養，未能作妥善安排，應將動物送至收容所安置。

⚠ 違反以上規範或有虐待、棄養前科者服不能再登記飼養及領養

領養的價值

領養能使需要家人的狗重新擁有一個完整的家

並不是只有透過金錢買賣才能夠取得一隻狗
選擇藉由領養關係建立起的情誼
對於整個社會也將意義非凡

領養流程

帶狗回家前，別忘了要完成下列的步驟保護你的狗狗喔。

尋找狗 ＞ 飼主評估 ＞ 打晶片＆登記 ＞ 結紮 ＞ 帶狗回家

3-6

訪談主題
資訊圖表的面面談：評析、製作、趨勢

日本一直是讓 Re-lab 佩服但完全無法理解的國家，他們做的資訊圖表作品也獨樹一格，常常成為我們學習分析的案例，這一次非常榮幸能夠訪談 Kartz，並且不藏私地和我們分享他們對於資訊圖表最重視的要素與未來規劃，同樣身在資訊圖表的「後進國」，Kartz 有許多值得台灣設計師效仿的地方。

關於 Kartz Media Works

infogra.me 平台創辦者

提供國內外企業於日本進行內容行銷、公共關係、社群媒體行銷的策略服務，並經營「GloabalPRwire」、「TV-Release」、「DATA-PR.net」、「infogra.me」等。其中「infogra.me」為一個提供世界各地設計師上傳自己資訊圖表作品的平台，至今已累積相當多的作品，是尋找資訊圖表製作靈感的好地方。此外，他們也為企業製作資訊圖表，擁有相當豐富製作資訊圖表之經驗。

Q—————Kartz為什麼想成立「infogra.me」這個網站呢？

A——Kartz Media Works（以下簡稱Kartz）是於2011年以資訊圖表製作事業設立的。

一開始Kartz是以幫助企業做公關宣傳（Public Relationship）為事業主體。後來為了將企業想傳達的資訊整理成更容易讓一般消費者所理解、「更有魅力的形式」，進而轉變為提供資訊圖表製作的服務。

開設Infogra.me（インフォグラミー）的契機有兩個：

第一個是，我們有感，要讓更多人看到Kartz製作的資訊圖表，就必須要提供一個資訊圖表專門網站作為舞台。

第二個是，我們想做一個不只是可以閱覽，而是任何人都可以自由上傳自製或是喜歡的作品、聚集世界上出色的資訊圖表的平台，我們希望這個平台的存在，可以幫助資訊圖表這個領域獲得更高的認知度與關注度。

本網站目前對應日語及英語兩種語言，每天都有來自國內外眾多作品的投稿，是世界最大的資訊圖表專門網站之一。

Q————————這個網站上有「Staff picks」，請問你們是以什麼標準來挑選要呈現給民眾看的資訊圖表呢？

A——關於Staff picks的資訊圖表選定基準，我們挑選具有「出色的資訊表現」與「故事性」的作品，或是一些「主題有趣」的作品。不只是做得漂亮就好，如何整理說明的順序、如何表現資訊、透過閱讀該資訊圖表可以了解什麼？都是我們挑選作品時所重視的部份。

Q————————這個網站上有「most popular」，請問你們有觀察到通常受歡迎的infographic有什麼要素呢？

A——我們認為能列在most popular的資訊圖表，就是具備了上述各種要素。

Q————————你們有對哪個作品特別印象深刻嗎？為什麼？

A——地震防災手冊。這是一個以居住在日本的外國人為對象製作的地震防災手冊，特色是即使不懂文字，只要跟著圖一直看下去，就能理解地震發生時該採取什麼行動，故事建構得非常淺顯易懂。

Q————————看到Kartz也有經營「DATA-PR.net」，看到你們為客戶製作的調查報告中相當注重使用infographic。你們覺得使用infographic於調查報告中能帶來什麼效果呢？

A——「DATA-PR.net」是Kartz新推出的調查新聞稿服務。從前一般企業發新聞稿只寫自己的產品或服務，無法取得媒體版面，他們發現必須自己製造大家都有興趣的「新消息」才能被媒體採用。於是現在許多公關公司使用不是很嚴謹的市調數據，例如排名、意識調查，爭取上大眾媒體的機會。

將原始調查報告不容易解讀的特徵的部分，用資訊圖表的手法處理，就能更清楚而有魅力地把這個資訊所含有的意義與本質呈現給讀者。

利用濃縮整理過的資訊、配合精美圖表的演出，能將艱澀的調查報告搖身一變成為社群網站上容易吸引使用者注意、容易被分享的內容。

Q————————通常你們製作一個資訊圖表會有哪些流程呢？

A——首先我們會就製作資訊圖表的目的、想要傳達的訊息與客戶討論、達到共識。下一步是理念的設定、刊登數據的選定與故事設

計。接著根據上述的內容制定詳細的順序與資訊表現，整理成一張構成案（rough）。在方向確定後，就會開始實際的設計製作，最後經過微調以後就可以交給客戶了。

Q————————會有哪些角色參與呢？有什麼不可欠缺的角色或專業？

A——基本的角色分配是由創意總監（creative director）或是總監（director）進行與客戶聯絡、溝通理念、數據選定、時程管理、品質管理的工作。由藝術總監（art director）或是設計師（designer）來製作構成案、構築圖表的世界觀，並進行實際的設計製作。

Kartz在這部分採取一人多工的方式，經常創意總監會從客戶溝通負責到設計，設計師也會負責理念溝通。如此一來，儘管每項工作都很專業，不容易跨刀，但理解這些與製作相關的流程，具備執行專案的技能，正是這個工作的必要能力。

Q————————成員彼此之間是怎麼合作的呢？

A——例如說理念是大家一起想、設計製作來不及的時候，總監就幫團隊找助手。不僅考慮每個人的專業，也根據專案的狀態，做出柔軟的變通。

Q————你們覺得怎樣是好的資訊圖表？

A——我們認為好的資訊圖表一定要具備三個條件：提供的資訊對消費者（客群）來說「是否夠有用」？整理得「是否夠簡潔」？（是否還留有可以刪掉不用的要素存在）「是否製作得夠友善」？（有沒有附上圖表單位或註解）

Q————Kartz 在資訊圖表這領域接下來的目標是什麼？有想要做什麼新的嘗試嗎？你們覺得資訊圖表在日本或全球的發展趨勢是什麼呢？

A——資訊圖表最初是以歐美國家為中心形成一股新趨勢，日本雖然作為後進國，對於資訊圖表的認知也漸漸擴展開來，越來越多不同領域的企業使用資訊圖表來傳達訊息，之前主要被運用在宣傳、廣告等外向型的活動中，最近，作為企業內部的員工教育素材及快速溝通工具，資訊圖表更再次受到注目。

我們感受到資訊圖表在「全球化溝通」（Global communication）中，正扮演一種突破語言障礙的有效溝通手段，在這個越來越多元化的社會中，面對越來越多元化的需求與課題，Kartz 希望今後也能一邊開發摸索更多能用資訊圖表解決的事情，並且持續向世界推出優秀的資訊圖表。

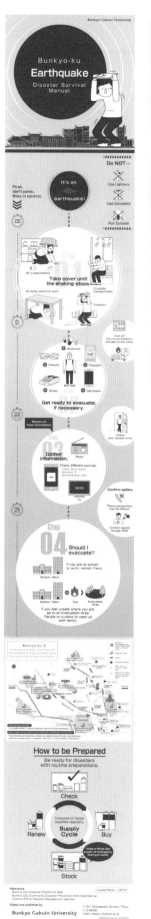

訪日外国人の50年の歴史
50 Years of Tourism in Japan

■ 来日外国人の数

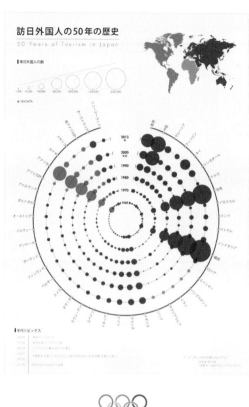

年代トピックス

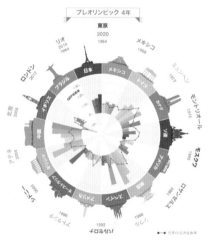

オリンピック開催国は経済成長するのか？
開催「前」と「後」のGDP成長率からみるその効果

プレオリンピック 4年

ポストオリンピック 4年

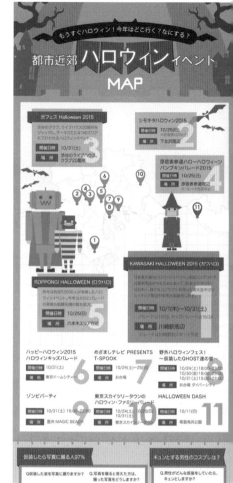

もうすぐハロウィン！今年はどこ行く？なにする？

都市近郊 ハロウィンィベント MAP

渋フェス Halloween 2015

シモキタハロウィン2015
開催日時 10/25(日)
場所 下北沢周辺

原宿表参道ハローハロウィーン
パンプキンパレード2015
開催日時 10/25(日)
場所 原宿表参道周辺

ROPPONGI HALLOWEEN (ロクハロ)
開催日時 10/25(日)
場所 六本木エリア付近

KAWASAKI HALLOWEEN 2015 (カワハロ)
開催日時 10/1(木)〜10/31(土)
場所 川崎駅周辺

ハッピーハロウィン2015
ハロウィンキッズパレード
開催日時 10/31(土)
場所 東京ドームシティ

めざましテレビ PRESENTS
T-SPOOK
開催日時 10/24(土)〜25(日)
場所 お台場

野外ハロウィンフェス！
〜仮装したGHOST達の宴〜
開催日時 10/24(土)18:00〜23:00
10/30(金)18:00〜23:00
10/31(土)15:00〜23:00
場所 お台場 ダイバーシティ

ゾンビパーティ
開催日時 10/31(土) 15:00〜22:00
場所 豊洲 MAGIC BEACH

東京スカイツリータウンの
ハロウィン・ファミリーパレード
開催日時 10/24(土)・10/25(日)
場所 東京スカイツリー

HALLOWEEN DASH
開催日時 10/11(日)
場所 葛西海浜公園

仮装したら写真に撮る人97%
Q.仮装した姿を写真に撮りますか？
Q.写真を撮ると答えた方は、撮った写真をどうしますか？

キュンとする男性のコスプレは？
Q.男性がどんな仮装をしていたら、キュンとしますか？

新春初撮り
全国初詣マップ

● ご利益、祀られている神様　● 参拝者数　= 10万人

北海道神宮
◎ 北海道の開拓、商業の守護神
♦ 約73万人
北海道

伏見稲荷神社
◎ 商売繁盛、五穀豊穣の神様
♦ 約270万人

志波彦神社・鹽竈神社
◎ 塩土の神
♦ 約46万人

伊勢神宮
◎ 天照大神、豊受大御神など
全神が集まる
♦ 約62万人

浅草寺
◎ 聖観世音菩薩
♦ 約286万人

住吉大社
◎ 運航安全、商売繁盛、交通安全
♦ 約240万人

明治神宮
◎ 家内安全、世界平和、
社運隆昌
♦ 約315万人

成田山新勝寺
◎ 不動明王
♦ 約300万人

太宰府天満宮
◎ 学問の神様
♦ 約200万人

川崎大師 平間寺
◎ 厄除け
♦ 約300万人

参拝ガイド

初詣へ

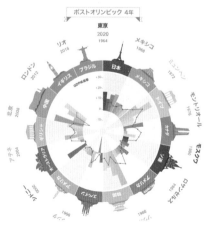

サイバー犯罪で企業が失う「モノ」

Cyber Threat Causes and Risks for Companies

インシデント件数

51-100%　26-50%　11-25%

6-10%　0-5%

■ 業界別インシデント件数と原因割合

POSへの侵入
WEBアプリケーション攻撃
内部者による不正使用
窃取/紛失
人的ミス
クライムウェア
ペイメントカードスキミング
DOS攻撃
スパイ活動
その他すべて

ホテル業 137件
管理サービス業 7件
IT建設業 2件
教育サービス業 15件
芸術/娯楽業 4件

金融業 465件

医療業 7件
情報産業 31件
マネジメントサービス 1件
製造業 59件
鉱業 10件
専門サービス 75件

公的機関 175件

不動産業 4件

小売業 148件
貿易/通商業 3件
運輸業 10件
公益事業 80件
その他 8件

■ 内部者及びスパイによる流出種類と割合

個人情報
認証情報
内部
企業秘密
銀行口座情報
ペイメントカード情報
医療記録
機密情報
システム情報
案件権付き
その他
不明

内部者
スパイ

データ出典：ベライゾン2014年度データ漏洩/侵害調査報告書

Re-lab 日常

生活小物

日常中不可或缺的小物

精神糧食

日常中不可或缺的食物

中文書

書中自有黃金屋

原文書

我都唸 Book

Re-lab 推薦平台

Information is Beautiful
www.informationisbeautiful.net

Column Five
https://www.columnfivemedia.com/

Visually
visual.ly

Infogra.me
https://infogra.me/

Flowingdata
www.flowingdata.com

GOOD
www.good.is/infographics

Hello Design 叢書 HDI0021

人人都能上手的資訊圖表設計術

台灣第一家 INFOGRAPHIC 設計公司，經典案例、操作心法、製作祕笈全公開！

作　　者　Re-lab團隊 著
主　　編　CHIENWEI WANG
企劃編輯　PEILING GUO
美術設計　IF OFFICE

董 事 長　趙政岷
出 版 者　時報文化出版企業股份有限公司
　　　　　108019 台北市和平西路三段 240 號 3 樓
　　　　　發行專線　（02）2306-6842
　　　　　讀者服務專線　0800-231-705 · （02）2304-7103
　　　　　讀者服務傳真　（02）2304-6858
　　　　　郵撥　19344724 時報文化出版公司
　　　　　信箱　10899臺北華江橋郵局第99信箱
　　　　　時報悅讀網　http://www.readingtimes.com.tw

法律顧問　理律法律事務所　陳長文律師、李念祖律師
印　　刷　勁達印刷有限公司
初版一刷　2017 年 08 月 18 日
初版七刷　2022 年 12 月 7 日
定　　價　新台幣 450 元

ISBN 978-957-13-7090-3
Printed in Taiwan

【 Re-lab 出版團隊 】
著作（主筆）劉又瑄、葉仁智

（合作接洽、訪談、資料蒐集、圖像設計）陳乙萱、陳穎穎、何一明、林美如、鄧力嘉、陳所志 / So Chih Chen（Bill）、李翊賓、陳舒筠、鄧楷蓉、陳祉云、黃鈺嵐、呂映樓、林欣儒、張惟鈞、林虹均、童元柏、周偉仁、鐘庭萱、劉于暐、馮弼惠、王貝羽、陳文媛、劉軒齊、林祉晴、陳育嬋、陳仲彥

特別感謝
受訪者 Info2Act 鄭皓元、林辰峰、李怡志、吳培弘、劉家瑋、Kartz、鄒琪、鄭涵文
照片授權 Gapminder foundation ｜ 日文翻譯 蘇郁潔 ｜ 除上之外，本書收錄Re-lab作品參與製作名單 劉家瑋、吳培弘、黃威愷、尹相喬、楊珮瑜、謝嘉倫、楊境庭、王靖桎、劉昱賢、蔡汶成

人人都能上手的資訊圖表設計術：台灣第一家INFOGRAPHIC設計公司，經典案例、操作心法、製作祕笈全公開！ / Re-lab 團隊著.
-- 一版. -- 臺北市：時報文化, 2017.08-- 248面；19X26公分. --（Hello Design 叢書；021）-- ISBN 978-957-13-7090-3（平裝）
1.簡報　2.圖表　3.視覺設計
494.6　　　　　　　　　　　　　　　　　　　106012561